DE L'INFLUENCE

DE

LA MAGNÉTISATION

SUR LE DÉVELOPPEMENT

DE LA VOIX ET DU GOUT EN MUSIQUE

Par J.-J. BEAUX

Docteur en Médecine.

« Dans tout ce qui n'implique pas contradiction,
« il ne nous est pas donné d'assigner les limites
« du possible. »

(Deleuze, *Hist. crit. du Magn anim.*

PARIS,

CHEZ EDOUARD GARNOT, LIBRAIRE,

Rue dès Grès, 22.

—

Janvier 1855.

DE L'INFLUENCE

DE

LA MAGNÉTISATION

SUR LE DÉVELOPPEMENT

DE LA VOIX ET DU GOUT EN MUSIQUE.

SE TROUVE AUSSI :

Chez DENTU Libraire,

Palais Royal.

DE L'INFLUENCE

DE

LA MAGNÉTISATION

SUR LE DÉVELOPPEMENT

DE LA VOIX ET DU GOUT EN MUSIQUE

PAR J.-J. BEAUX

Docteur en Médecine.

« Dans tout ce qui n'implique pas contradiction,
« il ne nous est pas donné d'assigner les limites
« du possible. »

(DELEUZE, *Hist. crit. du Magn. anim.*

PARIS,

CHEZ EDOUARD GARNOT, LIBRAIRE,

Rue des Grès, 22.

—

Janvier 1855.

PRÉFACE

— ❧ —

Il est impossible de ne pas être frappé d'étonnement en voyant la profonde ignorance dans laquelle sont plongés les savants de nos jours sur tout ce qui concerne le magnétisme animal, ces hommes, qui composent les académies, les sociétés savantes, chargés, par devoir, par honneur, de recueillir et de transmettre aux générations à venir le trésor des connaissances humaines, ne sont pas plus avancés sur l'existence du fluide magnétique, par exemple, qu'on ne l'était relativement à celle du fluide électrique lorsqu'on ne connaissait celui-ci que par l'attraction de l'ambre sur les corps légers : avec cette différence, toutefois, que les anciens ne pouvaient en savoir davantage, et que les modernes, infatués d'eux-mêmes, fermant les yeux à la lumière, n'ont que des injures à vomir contre ceux qui veulent leur apprendre ce qu'ils n'auraient jamais dû ignorer.

Interrogez ces *princes de la science,* si bouffis d'orgueil et d'arrogance, sur les questions les plus relevées des mathématiques, de la physique, de la philosophie, etc., et vous verrez combien peu d'entre eux sont dignes de leur réputation. Ce mathématicien, par exemple, va vous prouver qu'une ligne peut toujours s'approcher d'une autre ligne sans jamais l'atteindre ; il ajoutera sérieusement qu'elle peut pourtant l'atteindre à l'infini, sans s'apercevoir, non seulement qu'il se contredit, mais encore qu'il dit une absurdité : car puisqu'on ne peut atteindre que ce qui a des bornes, comment peut-on atteindre l'infini, qui n'en a pas ? Il vous soutiendra encore, en dépit de la raison et du bon sens, que *deux quantités qui ne diffèrent entre elles que d'une quantité indéfiniment plus petite, sont rigoureusement égales*, c'est-à-dire qu'une différence est une égalité! Et c'est sur ce beau raisonnement qu'est fondé le calcul différentiel (note 1re). Demandez à ce physicien si les atomes existent? il vous répondra : « Nous l'ignorons entièrement ; nous parlons, il est vrai, des atomes, mais en détournant ce mot de son acception primitive, et en ne l'employant que pour représenter des parties extrêmement petites de matière. Ce n'est pas que nous attachions beaucoup d'importance à la petitesse de ces molécules, car nous concevrions des atomes grands comme des montagnes. » Et ce physiologiste, qu'elle idée se fait-il de la pensée? « La pensée, c'est une sécrétion du cerveau, comme la bile est une sécrétion du foie. » Quant aux philosophes, interrogez-les si vous voulez savoir quelles absurdités peuvent être renfermées dans des cervelles humaines ! Ah !

que le fameux dialecticien Pierre Bayle avait raison en disant : « De mon temps, il y a à peine trois personnes qui sachent raisonner. » S'il existait dans le nôtre, à coup sûr il ne changerait pas d'avis (note 2) !

Mais revenons à notre sujet ; le fluide magnétique a, dans le monde moral, une action aussi générale que le fluide électrique dans le monde physique ; il est très-probable que ce fluide est le fliude nerveux qui se meut sous l'influence de la volonté pour produire les divers mouvements de notre corps, et dont les émanations agissent spontanément sur tout ce qui jouit de la vie. Aussi, deux êtres animés ne peuvent-ils être en présence l'un de l'autre sans s'influencer mutuellement, même à leur insu. C'est de là que viennent les antipathies, les sympathies qu'on éprouve subitement en voyant certaines personnes pour la première fois, et dont l'amour ou la haine est le résultat (note 3).

D'autres fois, pour que l'influence se fasse

sentir, il faut que le rapprochement aille jusqu'au contact ; ainsi, des auteurs rapportent que de jeunes époux, brûlant d'une ardeur mutuelle, ont vu, la première fois qu'ils se sont trouvés dans le même lit, leurs désirs remplacés par un sentiment de trouble et d'effroi, qui les forçait tous deux à sortir de la couche nuptiale pour n'y plus rentrer. Dans les temps d'ignorance, les témoins de ces faits singuliers les attribuaient au démon (note 4).

Un autre effet moins rare, mais tout aussi extraordinaire, est l'impuissance dans laquelle se trouve l'un des deux époux, ou les deux époux à la fois, d'accomplir l'acte conjugal ; ce qui est remarquable, c'est qu'elle peut n'être que relative, et cesser avec toute autre personne. On s'imaginait autrefois que ceux qui tombaient dans cet état avaient reçu un sort. C'est ce qu'on appelait le nouement de l'aiguillette. Plus tard, on a cru que l'imagination en était cause, parce que certaines personnes, menacées de maléfices, devenaient impuissantes; mais cette explication n'est pas vraie dans tous les cas, car souvent cette impuissance survient sans qu'aucune menace ait été faite, et sans qu'on puisse l'attribuer à la timidité, au respect, etc.

Il arrive encore qu'au premier contact, les deux époux éprouvent de la froideur, de l'ennui ; bien loin de sentir une chaleur brûlante les pénétrer mutuellement et se répandre jusque dans la moëlle des os, la température de leur corps tend à s'abaisser; l'acte de la génération s'accomplit, il est vrai, mais tardivement, pour ainsi dire sans plaisir ; et ils s'aperçoivent, mais trop tard, qu'ils ne sont pas faits l'un pour l'autre (note 5).

La plupart des philosophes, des physiologistes de notre temps n'ont pas la moindre idée de ces phénomènes importants, qui influent si puissamment sur le bonheur ou le malheur de toute notre vie. C'est au point qu'un professeur d'histoire naturelle, au

Jardin des Plantes, dont la vanité dépasse toute expression, faisant, sans rime ni raison, intervenir le magnétisme au milieu d'une de ses leçons, a eu le front de dire, parlant comme un croque-mort, qu'il avait enterré le magnétisme, et que, depuis qu'il s'était prononcé sur cette question, personne n'osait plus s'en occuper. Pauvre bimane ! qui mesure son pouvoir à sa présomption, et qui s'imagine que sa voix a quelque retentissement au-delà de son amphithéâtre ! Lors même qu'on brûlerait tous les ouvrages qui traitent du magnétisme, qu'on intimiderait les magnétiseurs par des menaces, des persécutions ou des supplices, comme cela a eu lieu dans les temps de barbarie, l'on n'en serait pas plus avancé. Pour que les phénomènes magnétiques apparaissent, il n'est pas besoin de les produire artificiellement, car il n'y a pas de siècle où ils ne se soient développés spontanément. Ainsi, l'un rêve qu'il a le don de guérir les brûlures par insufflation : il

souffle sur la première brûlure qu'il aperçoit, et le mal est enrayé dans sa marche ;
l'autre entend une voix qui lui dit qu'il
fera disparaître les douleurs par le toucher;
et quand il touche une partie douloureuse,
la douleur disparaît comme par enchante-
ment. Celui-ci, enclin au mal, invoque
l'esprit des ténèbres, et se voue à lui, afin
de nuire à ceux à qui il en veut, et il obtient un pouvoir malfaisant sur tous ceux
qui l'entourent. Celui-là lui demande ,
à la même condition, de plaire à toutes les
femmes qu'il désire posséder , et celles à
qui il s'adresse partagent ses transports.
Les somnambules, qui ont existé de tout
temps, et qui ont eu une si grande réputation sous les noms d'oracles, de pythies, de
sibyles, etc., ont dû faire connaître à ceux
qui étaient en rapport avec eux, et la manière de magnétiser et les avantages ou les
inconvénients qui peuvent en résulter. Tout
ce qui nous reste de l'antiquité nous apprend quelle confiance on avait dans la

science dont il s'agit ; c'était la médecine universelle, bien différente de celle de nos jours, qui fait dire des médecins ce que Cicéron disait des augures, *qu'ils ne peuvent se regarder sans rire.* Les prêtres du paganisme s'emparèrent de l'exercice du magnétisme, prétendant que le don de guérir les maladies par ce moyen, n'étant accordé qu'à des êtres privilégiés, ne pouvait appartenir qu'à eux ; aussi persécutaient-ils quiconque marchait sur leurs traces, accusant leurs adversaires, dont ils ne pouvaient nier les cures, de ne les obtenir que par l'évocation des esprits infernaux. Lorsque la religion chrétienne remplaça, chez les peuples civilisés, la religion païenne, ceux-ci subirent la peine du talion ; ils furent persécutés, à leur tour, par les ministres de la nouvelle religion qui, les voyant guérir par le toucher, l'insufflation, le regard, la parole, deviner le secret des consciences, prédire l'avenir, etc., et rapporter leur pouvoir à Jupiter, à Apollon, ou aux autres dieux du paganisme, leur reprochaient de ne réussir que par l'intervention des démons. Il est vrai que la croyance aux bons et aux mauvais esprits étant aussi ancienne que le monde, dans les temps d'ignorance, tout phénomème, dont on ne pouvait trouver la cause naturelle, était attribué à un esprit bon ou mauvais ; ces croyances erronées ont produit d'affreux malheurs; des milliers de victimes, affectées d'aliénation mentale, ou rendues démoniaques par leurs exorcistes, ont été livrées aux tribunaux et ensuite envoyées au supplice. De pauvres femmes, arrêtées pour avoir été au sabbat, montées sur un manche à balai, et, pendant leurs extases, engrossées par leurs gardiens, étaient condamnées, sur leurs aveux d'avoir eu relation avec le diable, à être brûlées vives, elles et l'enfant qu'elles portaient dans leur sein. Une telle jurisprudence subsista, en France, jusqu'au temps de Louis XIV; il fallut même que le gouvernement résistât au zèle des tribunaux. En effet, en 1670, le parlement de Rouen présentait une requête à Louis XIV pour le prier de rappeler un édit par lequel le roi exemptait du dernier supplice de pauvres insensés condamnés au feu comme sorciers. D'après l'avis du conseil, il ne fut pas fait droit à la requête.

Avec le progrès des lumières, la croyance aux démons cessa d'être, en Europe, une idée dominante ; alors le nombre des démoniaques diminua considérablement, et les infortunés qui le devinrent encore furent mis dans des maisons d'aliénés. On s'aperçut enfin qu'il n'y a rien que de naturel dans le pouvoir que chacun possède d'agir magnétiquement sur ses semblables ; et, dès les XVIe et XVIIe siècles, des hommes distingués, comme Paracelse, Van-Helmont, Santanelli, Maxwel, etc., se déclarèrent partisans du magnétisme. La doctrine magnétique forma même, pendant un siècle, une opinion dominante ; elle réunit en sa faveur un grand nombre de partisans, et

donna lieu à une foule d'écrits dans lesquels on a tour à tour soutenu et réfuté les
idées renouvelées depuis par Mesmer. Ce
dernier prit, dans ces écrits, les vingt-sept
propositions qu'il publia sous son nom
(note 6). Mécontent de la manière dont on
l'accueillait dans son pays, il le quitta et
finit par se rendre à Paris en février 1778.

Les sociétés savantes de France firent
comme celles d'Allemagne : regardant toutes les propositions de Mesmer comme autant d'absurdités, elles pensèrent qu'il était
au-dessous d'elles de s'en occuper ; mais
lorsqu'elles virent que, malgré leur silence,
sa réputation grandissait de jour en jour,
et que le gouvernement français demandait
à la Faculté et à la Société royale de médecine un rapport sur la question qui occupait tous les esprits, elles chargèrent
Thouret, membre de la Société royale, de
faire un Mémoire contre Mesmer. Aussitôt
Thouret se mit à l'œuvre, et n'eut pas de
peine à prouver, en citant les preuves à

l'appui, que le docteur allemand n'avait rien inventé en fait de magnétisme. Ce Mémoire parut quatre jours avant celui de Bailly, rapporteur de l'Académie de Médecine, et neuf jours avant le rapport de la Société royale : de sorte que, si les académiciens ne parvenaient pas à prouver à Mesmer qu'il n'y avait rien de vrai dans sa doctrine, ils avaient la consolation de lui dire qu'il n'était qu'un plagiaire (note 7).

Malgré le mauvais vouloir des savants et leurs rapports hostiles, le magnétisme se répandit rapidement en France ; et, si la Révolution française n'eût forcé de se dissoudre les Sociétés magnétiques qui se formaient de tous côtés, cette science aurait fait, en peu de temps, de rapides progrès. « Néanmoins, dit Deleuze (*Hit. crit. du Mag. anim*, t. Ier, p. 35, 1813), la pratique du magnétisme se conserva sans ostentation dans l'intérieur des familles, et d'innombrables témoignages, non interrompus depuis Mesmer jusqu'à nos jours (1812), prouvent qu'on a continué de s'y livrer avec efficacité. »

Sous l'empire, lorsque la tranquillité fut rétablie, l'on vit paraître plusieurs ouvrages remarquables sur cette science, comme la réimpression des *Mémoires* de Puységur *pour servir à l'établissement du Magnétisme*; l'*Hist. crit, du Mag. anim.* de Deleuze; les *Annales du Magnétisme, en 1814;* les *Archives du Magnétisme, etc.* Alors je commençais mes études médicales, et je ne connaissais ces ouvrages que par des articles de journaux faits par des hommes qui ne savaient pas le premier mot de ce qu'ils critiquaient, ou qui, connaissant le magnétisme, le tournaient en ridicule, se souciant peu d'induire leurs lecteurs en erreur, dès qu'ils y trouvaient leur profit. Le premier écrit sur le magnétisme qui me tomba sous la main, fut l'article convulsionnaire, par Montègre, inséré dans le *Dictionnaire universel des Sciences médicales,* et qu'on vantait à outrance. En le lisant, je vis que ce médecin ne connaissait rien à la question qu'il avait traitée. « L'auteur, dit Bertrand, dans son *Traité du Magnétisme animal en France*, s'occupe spécialement de l'épidémie qui prit naissance dans le cimetière Saint-Médard, et fait un rapprochement heureux entre les prétendus inspirés de ce temps et les somnambules de nos jours. Cet article, curieux par sa tendance, le serait bien davantage, si l'auteur n'avait pas été d'une ignorance complète aussi bien sur les phénomènes nouveaux que sur ceux auxquels il veut les comparer. Forcé de se borner à un étonnement stérile, relativement à des faits qu'il n'ose ni rejeter ni admettre, il ne paraît même pas éprouver le besoin de sortir de son incertitude; et, entraîné par l'esprit de parti, il semble repousser de tous ses vœux un examen qu'il aurait dû être le premier à provoquer. »

Je croyais être plus heureux en lisant l'article Magnétisme de J.-J. Virey, inséré dans le même dictionnaire; mais Virey avait fait comme Montègre, il avait voulu traiter un sujet qu'il ne connaissait pas. « Dans cet écrit, dit encore Bertrand, il s'est plu à rassembler toutes ses idées sur ce sujet, avec l'accompagnement ordinaire de son étonnante, mais confuse érudition ... Il est assez difficile d'y découvrir les opinions de l'auteur au milieu des citations sans nombre dont il les a surchargées. »

En 1820, j'entendis parler des expériences que M. Jules Dupotet faisait devant les médecins de l'Hôtel-Dieu de Paris ; et, à mon grand étonnement, des malades étant mis en somnambulisme, on les piquait, on les pinçait, on leur arrachait les cheveux. M. Récamier, lui-même, appliquait à l'un d'entre eux un moxa à la hanche, et à un autre, un moxa à la région épigastrique, sans que les patients parussent éprouver la moindre douleur. On faisait respirer à ces somnambules, pendant douze à quinze minutes, de l'ammoniaque concentrée ; ils n'éternuaient pas, et n'éprouvaient pas la moindre suffocation. Je croyais, cette fois, que la cause du magnétisme était gagnée : mais un ordre de l'autorité fit cesser ces expériences, et M. Récamier, qui aurait dû être le premier à reconnaître l'importance des faits qu'il avait observés, devint aussitôt un adversaire déclaré du magnétisme.

Pendant que ceci se passait à l'Hôtel-Dieu, d'autres expériences avaient lieu dans la plupart des hôpitaux de Paris, à la Salpétrière, à la Pitié, à la Charité, à l'hôpital Saint-Louis, etc. Elles convertirent à la croyance des phénomènes du magnétisme plusieurs médecins, entre autres l'auteur de la *Physiologie du Système nerveux*, le docteur Georget, qui consigna, en 1821, dans cet ouvrage même, le résultat de ses recherches ; mais ce médecin qui, comme ses confrères, parlait avec dédain des magnétiseurs, quand il ne connaissait pas le magnétisme, devint d'une crédulité extrême après avoir vu quelques somnambules clairvoyants. Quelques années avant, il avait avoué hau-

,tement son matérialisme : il se demande s'il était bien convaincu de ce qu'il écrivait alors, et il attribue son opinion de ce temps-là au désir de faire parler de lui, ce qui lui avait fait avancer une opinion dont il n'était pas bien sûr. (*Voyez* l'article Georget, par Esquirol, Suppl. à la *Biogr. univ. anc. et mod.*) Quelle confiance pouvais-je avoir dans un homme de ce caractère ?

Un autre médecin, A. Bertrand, publie, en 1823, un *Traité du Somnambulisme;* une grande partie du livre est employée à de longs récits sur les principaux faits somnambuliques des temps modernes. Trois ans plus tard, il fait paraître un *Traité du Magnétisme en France*, dans lequel il dit qu'il n'a écrit cet ouvrage que pour prouver que le magnétisme est une chimère. N'était-ce pas décourageant ?

En 1825, M. Rostan, médecin de la Pitié, rédigea l'article Magnétisme inséré dans le *Dict. de Médecine*, publié par Adelon, Béclard, etc. Dans cet article, il assure avoir constaté nombre de fois l'insensibilité dans l'état de somnambulisme magnétique, la vision sans le secours des yeux, etc.; mais, dans la seconde édition du même Diction- naire, cet article est supprimé.

La même année, M. le docteur Foissac propose aux membres de l'Académie royale de Médecine, de faire traiter, par plusieurs de ses somnambules, des malades qu'ils four- niraient eux-mêmes. Au lieu d'accueillir cette demande, l'Académie nomma une commission permanente pour recevoir tous les mémoires qu'on lui adresserait sur le magnétisme : cette commission ne devant faire son rapport que lorsqu'elle serait suf- fisamment éclairée. C'était évidemment un ordre du jour déguisé. Cette persistance à soutenir la réalité des phénomènes magné- tiques me jetait dans l'étonnement; d'un côté, je ne concevais pas que des médecins, n'étant pas sûrs de leur fait, osassent s'a- dresser ainsi aux corps savants, au risque de se voir signaler comme des impos-

leurs; d'un autre côté, je ne pouvais m'imaginer que ceux-là rejetteraient des faits dont
la réalité leur serait démontrée. Mais une
communication faite par M. Jules Cloquet,
à l'Académie royale de Médecine, le 16
avril 1828, dissipa toutes mes incertitudes.

« Ce chirurgien fait connaître à l'Académie son extirpation d'un sein cancéreux,
sans le moindre signe de sensibilité, chez
une femme en état de somnambulisme magnétique. M. Larey prétend que l'opérée
de M. Cloquet l'a pris pour dupe. M. Cloquet répond qu'il a eu d'assez fréquentes
occasions de voir des personnes qui ne
laissent échapper aucune plainte pendant
les opérations qu'on leur pratique ; mais
leur physionomie s'altère, elles se raidis-
sent, leur pouls s'accélère, etc. Aucune de
ces circonstances ne s'est rencontrée chez
son opérée. Elle causait tranquillement
pendant l'opération. Ses membres étaient
pendants, nullement contractés. En un mot,
il semblait, sous le rapport de l'insensibilité,

qu'on opérât sur un cadavre. » (*Journ. compl. du Dict. des Sciences Méd.* t. 33, p. 380.)

En réfléchissant à cette communication, je me dis : comment un professeur de l'Ecole de Médecine de Paris, premier chirurgien d'un grand hôpital, membre de l'Académie royale de Médecine, dont la réputation est faite depuis longtemps, s'exposerait-il à se faire bafouer en pleine Académie, en venant annoncer à ses confrères un fait aussi étonnant, s'il avait le moindre doute sur sa réalité ? Au lieu de nier ce fait, les académiciens n'auraient-ils pas dû plutôt chercher à le reproduire ? Leur conduite, en cette circonstance, me parut peu convenable. J'avais déjà beaucoup perdu du respect que je portais aux savants, et, en les voyant de plus près, je m'étais assuré qu'il en est d'eux comme des autres hommes, que, sauf quelques exceptions, l'on estime d'autant moins qu'on les connaît davantage. Je ne voulus plus m'en rapporter qu'à moi-même sur cette question, et, pour agir avec connaissance de cause, je mis sous mes yeux les pièces du procès; je me procurai d'abord les rapports faits contre Mesmer par les Sociétés savantes de France. J'en commençai la lecture par celui de l'*illustre Bailly*. Mais avant d'analyser ce rapport, il est bon d'apprendre à ceux qui l'ignoreraient, comment les choses se passent dans ces circonstances. S'il s'agit d'un Mémoire adressé à une Société savante, quoiqu'une commission soit nommée, ordinairement le rapporteur est le seul qui le lise ; les autres membres de la commission se contentent de la lecture du rapport, et signent ensuite (note 8). Quelquefois même ils ne se donnent pas cette peine là : ils signent le rapport de confiance (note 9). Il est vrai que la lecture en est faite à l'Académie : mais celle-ci n'est pas forcée de l'écouter (note 10); d'ailleurs, à quoi cela servirait-il ? Est-elle sûre que le rapporteur présentera une analyse fidèle du Mémoire (note 11) ? Mais s'il est si difficile de déterminer les membres des commissions à lire les mémoires qu'on adresse aux corps savants, que sera-ce donc lorsqu'il faudra que ces mêmes personnes se réunissent souvent, à des jours et à des heures déterminés, pour assister à des expériences en commun ? Cela sera vraiment impossible, surtout si la commission est nombreuse (note 12). Celle de la Faculté de Médecine, composée de quatre membres, Borie, Salin, Darcet et Guillotin (note 13), ne se trouvant pas compétente pour juger une question de médecine, demanda au ministre qu'il lui adjoignît des membres de l'Académie des sciences; celui-ci nomma Franklin, Lavoisier, Bailly, Bory et Leroy, c'est-à-dire un physicien, un chimiste, un astronome et je ne sais qui; et ce qu'il y eut de plus singulier, c'est que ce fut l'astronome qu'on nomma rapporteur ! A peine fallut-il se réunir, que le physicien se trouva indisposé; il était à la campagne, et, si l'on avait voulu qu'il assistât aux expériences, il aurait fallu chaque fois apporter chez lui les malades et le baquet tout ensemble. Il ne vint jamais chez Deslons, où se faisaient les traitements, ce qui ne l'empêcha pas de signer le rapport. Les autres membres, n'étant pas plus zélés que le physicien, pensèrent qu'il était inutile que toute la commission assistât régulièrement aux expériences : ils nommèrent, pour les représenter, une sous-commission. Celle-ci ne se gêna pas plus que son aînée : elle ne vint que de temps en temps aux séances, seulement pour pouvoir dire qu'elle y avait assisté.

Le rapporteur Bailly, qui ne connaissait pas un mot de médecine, détourna la commission de rechercher si le magnétisme guérissait les maladies. La première chose, selon lui, était de s'assurer s'il y avait un fluide magnétique ; mais, tous les faits qui auraient dû en démontrer la réalité, il les défigurait ou les passait sous silence ; et il arriva ainsi à nier l'existence de ce fluide, et à dire que les effets obtenus ne dépen-

daient que de l'attouchement, de l'imita-
tion et de l'imagination fortement mise en
jeu.

Pour jeter du ridicule sur le magnétisme
et empêcher d'employer ce moyen théra-
peutique, Bailly avança que la magnétisation au contact n'était que l'art de donner
la foire aux femmes qui se soumettaient à
ce genre de traitement. « L'endroit où l'attouchement se porte, dit-il dans son rapport, est aux hypocondres, au creux de
l'estomac et quelquefois sur les ovaires,
quand ce sont des femmes que l'on touche.
Les mains, les doigts pressent et compri-
ment plus ou moins ces différentes régions...
Les effets de l'attouchement et de l'application des mains sont plus ou moins consi-
dérables : les moindres sont des hoquets,
des soulèvements d'estomac, des purgations...

« Le colon, un de nos gros intestins, par-
court les deux régions des hypocondres et
la région épigastrique qui les sépare. Il est

placé immédiatement sous les téguments.
C'est donc sur cet intestin que l'attouchement se porte, sur cet intestin sensible et
très-irritable. Le mouvement seul, le mouvement répété, sans autre agent, excite
l'action musculaire de l'intestin, et procure
quelquefois des évacuations. La nature semble indiquer comme par instinct cette manœuvre aux hypocondriaques. *La pratique
du magnétisme n'est que cette manœuvre même,*
et les purgations qu'elle peut produire sont
encore facilitées, dans le traitement magnétique, par l'usage fréquent et presque habituel d'un vrai purgatif, la crême de tartre
en boisson. »

Ainsi, d'après Bailly, le magnétisme
n'est que l'art de faire foirer les femmes.
Avis à messieurs les magnétiseurs, qui ne
se doutaient pas d'avoir une telle influence
sur le sexe. Mais de peur que cela ne suffît
pas pour éloigner les malades de ce mode
de traitement, Bailly composa un *Mémoire
secret*, destiné à être mis sous les yeux du

roi, dans lequel il dit que le traitement magnétique ne peut être que dangereux pour les mœurs. Les détails dans lesquels il entre sont de telle nature qu'ils ne seraient pas déplacés dans le roman de *Justine* ou dans celui du *Portier des Chartreux*.

« L'homme qui magnétise a ordinairement les genoux de la femme enfermés dans les siens ; les genoux et toutes les parties inférieures du corps sont, par conséquent, en contact ; la main est appliquée sur les hypocondres et quelquefois plus bas, sur les ovaires (Mémoire secret). »

L'on remarquera que ces attouchements qui, aidés de la crême de tartre, produisaient, dans le premier rapport, des évacuations alvines, produisent, dans celui-ci, tout autre chose pour le besoin de la cause, quoique avec le même auxiliaire.

« Souvent l'homme, ayant sa main gauche ainsi appliquée, passe la droite derrière le corps de la femme ; le mouvement de l'un et de l'autre est de se pencher mutuellement pour favoriser le double attouchement. La proximité devient la plus grande possible, le visage touche presque le visage, les haleines se respirent, toutes les impressions physiques se partagent instantanément, et l'attraction réciproque des sexes doit agir dans toute sa force; il n'est pas extraordinaire que les sens s'allument. L'imagination qui agit en même temps, répand un certain désordre dans toute la machine ; elle suspend le jugement, elle écarte l'attention. Les femmes ne peuvent se rendre compte de ce qu'elles éprouvent, elles ignorent l'état où elles sont...

« Quand cette espèce de crise se prépare, le visage s'enflamme par degrés, l'œil devient ardent, et c'est le signe par lequel la nature annonce le désir : on voit la femme baisser la tête, porter la main au front et aux yeux pour les couvrir; la pudeur habituelle veille à son insu, et lui inspire le soin de se cacher. Cependant la crise continue et l'œil se trouble : c'est un signe non équivoque du désordre fatal des sens......

« Dès que ce signe a été manifesté, les paupières deviennent humides, la respiration est courte, entrecoupée, la poitrine s'élève et s'abaisse rapidement, les convulsions s'établissent ainsi que les mouvements précipités et brusques ou des membres ou du corps entier. Chez les femmes vives et sensibles, le dernier degré, le terme de la plus douce des émotions, est souvent une convulsion. A cet état succède la langueur, l'abattement, une sorte de sommeil des sens, qui est un repos nécessaire après une forte agitation...

« La preuve que cet état de convulsion, quelque extraordinaire qu'il paraisse à ceux qui l'observent, n'a rien de pénible, n'a rien que de naturel pour celles qui l'éprouvent, c'est que, dès qu'il est cessé, il n'en reste aucune trace fâcheuse. Le souvenir n'en est pas désagréable, les femmes s'en

trouvent mieux, et n'ont point de répu-
gnance à le sentir de nouveau (Mémoire
secret). »

Il ne manque qu'une chose à ce tableau,
c'est d'être vrai. Tous les magnétiseurs savent bien que ces crises, dont parle Bailly,
n'ont pas le caractère qu'il leur attribue.
Il aurait dû ne pas oublier d'ailleurs que,
non seulement les hommes, mais encore les
enfants et les vieillards en éprouvent de
semblables : ce qui ôte toute vraisemblance
à son assertion. Mais que pouvait-on attendre d'un astronome sur une pareille question ?

Dans le rapport des commissaires de la
Société royale de Médecine, on avoue que
la direction du doigt ou d'un conducteur
vers une personne magnétisée, et à une certaine distance, peut renouveler et augmen-
ter l'état convulsif ; mais l'explication que
l'on donne de ce fait est aussi erronée que
celle dans laquelle on attribue le sommeil
développé chez ces mêmes personnes, à

l'ennui que les passes leur font éprouver :
« C'est l'impression de l'air, agité par les
mouvements que l'on exécute alors, qui produit ces convulsions ; deux autres causes,
non moins vraisemblables, concourent avec
celle-ci, et suffisent, quand elle n'a pas
lieu, pour les suppléer. Ces causes sont
la chaleur communiquée par la proximité
de la main et de l'émission de l'insensible
transpiration. Le souffle le plus léger, le
plus faible ébranlement de l'air, suffisent
pour renouveler les mouvements convulsifs
dans les malheureux qui en ont déjà éprouvé, par l'effet du virus hydrophobique, et
en qui la sensibilité et l'irritabilité sont
portées au plus haut degré. »

Quant à la magnétisation au contact, les
commissaires sont de l'avis énoncé par
Bailly, dans son rapport public : *elle détermine des évacuations alvines.* Faisant allusion
aux procédés de magnétisation dans lesquels
on applique les mains sur les hypocondres
en dirigeant l'extrémité de chaque pouce

vers l'ombilic, ils font remarquer que « c'est par le frottement sur la région du ventre que des personnes, qui n'ont aucune notion de magnétisme, se provoquent à aller à la garde-robe; sorte de toucher dont les effets sont très-anciennement connus, et résultent de la pression mécanique du foie, de la vésicule du fiel et des intestins. » Ils n'oublient pas non plus de parler du purgatif qui *ajoute à l'effet magnétique*. « Des domestiques apportent pour boisson aux malades (qui entourent le baquet), suivant qu'ils le demandent, de l'eau dans laquelle on a fait dissoudre de la crême de tartre; on sait que cette substance est doucement purgative surtout lorsqu'on en fait un usage habituel. »

A quoi servait à ces malades de prendre un purgatif, puisque la magnétisation à elle seule les faisait aller à la selle? C'était donc pour infecter davantage les spectateurs? Est-il vraisemblable que des personnes dont Bailly parlait avec tant d'égards: « Des

malades distingués, qui viennent au traitement pour leur santé, pourraient être im-
portunés par les questions; le soin de les
observer pourrait ou les gêner ou leur dé-
plaire; les commissaires eux-mêmes seraient gênés par leur discrétion, » aient été
assez malpropres pour évacuer ainsi en public à chaque séance, et sans changer de
linge, retourner chaque fois chez elles toutes
dégoûtantes des ordures qu'elles vien-
draient de rendre!

Je ferai remarquer que ces commissaires,
n'ayant pas eu connaissance du *Mémoire
secret*, ne font pas mention de l'autre ter-
minaison de la magnétisation au contact,
qui a motivé ce rapport; ce qui prouve toute
la fourberie de Bailly, car si le fait qu'il
avançait eût été vrai, il aurait été impossible qu'il échappât aux commissaires de
la Société royale, tous médecins, qui n'auraient pas manqué de dire que le magnétisme était dangereux pour les mœurs,
parce qu'un certain nombre de crises se

terminaient par un accès de nymphomanie.
Sur cinq commissaires qui composaient la
commission, quatre signèrent le rapport;
de Jussieu refusa de donner sa signature, et
un mois après, il fit, à part, un rapport qui
n'était pas plus favorable aux prétentions
des magnétiseurs de son temps, que celui
des commissaires de la Société royale.
Ceux-ci prétendaient que les effets magnétiques étaient dus à l'impression de l'air
agité par les mouvements, à la chaleur communiquée par la proximité de la main, à
l'émission de l'insensible transpiration, et
de Jussieu les attribuait à la chaleur ani-
male. Pourtant ce dernier, au dire de
A. Bertrand, eut à braver les menaces du
pouvoir pour s'être séparé de ses collègues.
Deleuze, qui loue ce rapport, je ne sais trop
pourquoi, ajoute qu'il ferait plus d'honneur encore à de Jussieu, si l'on savait combien il lui fallut de courage pour le publier.
Ceci se conçoit facilement : de Jussieu n'a-
vait pas voulu dire que la magnétisation au

contact produisait des évacuations alvines,
et, par son silence, il démasquait la ruse
ignoble des autres membres de la commission.

Après avoir lu, avec dégoût, ces quatre
rapports, plein de mauvaise foi ou d'ignorance, je me convainquis que ce ne serait
que dans les ouvrages des magnétiseurs que
je pourrais apprendre s'il y a quelque chose
de vrai dans le magnétisme. Le premier
ouvrage que je choisis fut l'*Histoire critique
du Magnétisme animal*, par Deleuze, publiée
en 1812. « Le ton sage et modéré de l'auteur, dit A. Bertrand, ses connaissances
dans les sciences naturelles, son caractère
de moralité, que n'ont jamais pensé à attaquer ses adversaires, même les plus violents,
tout concourut à donner à ce livre un succès que tous les ouvrages sur le même sujet
avaient été jusque-là bien loin d'obtenir. »
Les conseils qu'il donne pour que l'on s'assure de l'existence du magnétisme peuvent
contenter les personnes les plu s difficiles.

« Choisissez plusieurs personnes pauvres et malades parmi des gens de la campagne qui n'auront jamais entendu parler de magnétisme; montrez à un ou deux de ces malades de l'intérêt et de l'affection; dites-leur que vous désirez les soulager. Ne prononcez point vis-à-vis d'eux le nom de magnétisme; évitez tout ce qui peut agir sur leur imagination; touchez-les sous prétexte que leur sang ne circule pas bien, que vous voulez voir si les pulsations du cœur sont régulières, que vous voulez essayer si quelques frictions ne calmeront pas leurs maux, etc. Il est si facile de persuader à de pauvres gens qu'on désire les guérir et qu'on en a les moyens, que vous n'éprouverez pas beaucoup de difficulté. Touchez ainsi chaque jour les deux malades que vous aurez choisis, et continuez pendant une semaine. Si, après ce temps, vous n'avez produit aucun effet sensible, cherchez d'autres sujets pour vos expériences. J'ose assurer qu'il n'arrivera jamais à un magnétiseur de toucher

lix malades sans en trouver un qui éprouve
es effets du magnétisme d'une manière évi-
lente (*Hist. crit. du Magn. anim.*, par De-
euze, t. Ier, p. 56, 1819, 2e édit.). »

Quelque incrédule qu'on soit, il est impossible de trouver la moindre chose à
reprendre à de pareils conseils; l'on peut
s'assurer par soi-même si les faits annoncés
existent réellement. Aussi, je me déterminai
à lire les ouvrages des principaux magnétiseurs, afin de connaître les accidents qui
peuvent survenir en magnétisant, et les
moyens d'y remédier, et j'attendis la première occasion favorable pour commencer
mes expériences. Cette occasion ne tarda
pas à se présenter : une femme de quarante
ans, dont j'étais le médecin depuis une
douzaine d'années, vint me consulter pour
une inflammation chronique des intestins :
je l'avais traitée plusieurs fois de cette maladie par les adoucissants, les calmants,
les applications de sangsues; mais dans la
dernière rechute qu'elle avait eue, ces

moyens avaient produit peu d'effet ; je lui proposai donc de la magnétiser : elle y consentit sans savoir ce que c'est que le magnétisme.

Cette femme, laborieuse, honnête, était froide de tempérament, ce qui s'accordait avec le peu de développement de sa nuque. Après un quart d'heure de passes, elle ferma les yeux et dormit pendant une demi-heure. En se réveillant, le sourire vint sur ses lèvres ; ses yeux, ternes depuis si longtemps, étaient brillants comme autrefois ; elle respirait à pleine poitrine, poussant de grands soupirs, étendant les membres et éprouvant un bien-être inaccoutumé ; il lui semblait n'être plus malade. Enfin, elle était dans cet état que Bailly a voulu faire passer pour *la plus douce des émotions qui est aussi une convulsion.* Rentrée chez elle, elle resta pendant quatre heures dans cette situation. La seconde magnétisation se passa comme la première : seulement, dans la ournée, la malade eut une grande envie de dormir, et, contre son habitude, fut forcée de rester couchée pendant plusieurs heures. Le troisième jour, elle avait parlé chez elle, en dormant, ce qui jusqu'alors ne lui était jamais arrivé ; son mari l'avait appelée, et n'en avait pas reçu de réponse. Alors je lui dis que la première fois qu'elle parlerait en dormant, il faudrait que son mari m'envoyât chercher. Celui-ci n'oublia pas la recommandation, et je fus appelé le lendemain. Quand j'entrai, la malade était immobile dans son lit. Je lui demandai si elle dormait ; elle me répondit : oui, à voix basse ; elle était en somnambulisme.

Ce ne fut pas sans quelque émotion que je me vis, pour la première fois, en présence d'une somnambule. Un horison immense s'ouvrait devant moi, une foule de vérités de l'ordre le plus élevé m'allaient être révélées. Alors, faisant un retour sur moi-même, j'éprouvai un sentiment de satisfaction mêlé d'orgueil en pensant à la

conduite que j'avais tenue jusqu'alors. San
doute, j'avais été aussi ignorant que mes cor
frères en fait de magnétisme; mais je n'a
vais jamais cru que mon diplôme de doc
teur me donnât le droit de parler à tort e
à travers de ce que je ne connaissais pas
d'injurier les magnétiseurs, d'attaquer leu
moralité par cela seul que leurs opinion
différaient des miennes. Il répugne, en ef
fet, à tout homme honnête d'attribuer à se
semblables des pensées et des actions don
il rougirait lui-même. Aussi, lorsqu'on me
demandait ce que je pensais du magnétisme, je répondais que, n'ayant pas eu
occasion de magnétiser ou de voir magnétiser, je ne pouvais pas avoir d'opinion sur
cette question ; que les faits rapportés
étaient si extraordinaires qu'il fallait les
voir soi-même pour être convaincu de leur
réalité ; mais que trop d'hommes recom-
mandables assuraient avoir été témoins
de ces faits, pour qu'on pût se permettre
de les rejeter sans examen.

Je m'applaudis d'autant plus de cette conduite, que j'ai pu observer, sur ma première somnambule, la plupart des phénomènes rapportés par les magnétiseurs. Le magnétisme agit si favorablement sur elle, qu'elle se rétablit peu à peu, et vécut encore une dizaine d'années. Encouragé par cet heureux début, je continuai à appliquer le magnétisme au traitement des maladies, soit seul, soit concurremment avec les autres moyens thérapeutiques. Dans le cours de ces traitements, j'ai eu occasion d'observer quelques faits nouveaux. Ce sont trois de ces faits, relatifs à l'influence du magnétisme animal sur le développement de la voix et du goût en musique, que je publie dans cet écrit.

DE L'INFLUENCE

DE

LA MAGNÉTISATION

SUR LE DÉVELOPPEMENT

DE LA VOIX ET DU GOUT EN MUSIQUE.

PREMIÈRE OBSERVATION.

En 1841, mademoiselle A., âgée d'environ seize ans, que je connaissais depuis son enfance, me fut amenée par sa mère pour être traitée d'une hémorrhagie utérine passive qui existait depuis plusieurs semaines, et l'avait réduite à un grand état de faiblesse. Lui ayant dit qu'on pourrait peut-être s'assurer, par le toucher, de la cause de sa maladie, la jeune fille répondit vivement, plutôt la mort. Je craignis qu'en temporisant, elle ne laissât le mal s'aggraver, et je proposai d'employer le magnétisme comme pierre de touche. Elle accepta, et le jour convenu, je la magnétisai. Le sommeil vint bientôt ;

au bout d'une demi-heure, elle était en somnambulisme. Sous l'influence de ce traitement
et de quelques médicaments, l'hémorrhagie diminua peu à peu et ne tarda pas à disparaître
entièrement.

Pendant les premières magnétisations, mademoiselle A. se couvrait la tête et une partie
du visage d'un châle blanc ; se plaçait, tournant
le dos à la lumière de la lampe couverte d'un
abat-jour, dans l'endroit le plus obscur de
l'appartement, et gardait un profond silence.
Un soir, je la conduisis dans une salle voisine
où se trouvaient plusieurs personnes qui n'a-
vaient jamais vu de somnambules ; mais je
crois que la petite rusée eut envie de leur faire
peur : elle s'avança à pas lents, ayant l'air de
glisser plutôt que de marcher ; son châle blanc,
qui couvrait sa tête et le haut de son visage,
ses lèvres pâles, ses traits immobiles, ses réponses à voix basse et traînante, firent une telle
impression sur les assistants, qu'on me pria
de la remener plus vite qu'elle n'était venue
(note 14).

Après la disparition de l'hémorrhagie, les
forces revinrent peu à peu ; les lèvres perdirent
leur pâleur, les joues se colorèrent légèrement,
et bientôt la convalescente reprit sa vivacité et
sa gaîté naturelle. D'abord, il fallait que je lui
parlasse pour qu'elle rompît le silence qu'elle

gardait ordinairement : mais ensuite c'était elle qui commençait la conversation, et elle eut bientôt rattrapé le temps perdu.

Mademoiselle A... amenait ordinairement avec elle, lorsque sa mère ne pouvait pas l'accompagner, une de ses amies à peu près de son âge. Un jour qu'elle était en somnambulisme, elle me dit : « Je sens que Maria souffre, soufflez-lui au creux de l'estomac. » Je soufflai.— « Magnétisez-là, cela lui fera du bien. » J'obéis, et Maria se trouva bientôt dans le même état que celui de mademoiselle A... Pendant quelques instants encore, Maria eut de l'oppression que plusieurs passes firent cesser. Je lui demandai alors quelle était la cause de cette oppression, et cette pauvre enfant me répondit : *j'ai pâti!* Elle avait ce jour-là, dans la poche de son tablier, un morceau de pain qui lui avait été donné à garder par mademoiselle A... ; l'appétit étant venu pendant le somnambulisme, elles le mangèrent alors, et lorsque Maria se réveilla et ne trouva plus son pain, elle dit d'un air peiné : « Ah ! l'on m'a pris le morceau de pain qui était dans ma poche! » Pour la désabuser, il fallut qu'on lui assurât sérieusement qu'elle et mademoiselle A... l'avaient mangé pendant leur somnambulisme (note 15).

Mais toutes les séances n'étaient pas aussi tristes que celle-là. Mes deux somnambules,

emportées par la gaîté naturelle à leur âge,
oubliaient bientôt leurs chagrins, et alors elles
étaient vraiment charmantes. Mademoiselle A...
surtout était d'une gaîté, d'une vivacité extrême.
Dans l'état de veille, elle avait un peu de raideur
dans le caractère ; mais, en somnambulisme, ce
défaut disparaissait entièrement ; elle s'en aper-
cevait elle-même, car une fois elle me dit : « Ah !
que les hommes sont bêtes de ne pas magnétiser leurs femmes de temps en temps, lors
même que ce ne serait que pour les rendre plus
douces ! » En effet alors sa douceur, sa doci-
lité étaient remarquables ; à tel point qu'on aurait
dit deux personnes différentes (note 16) : aussi,
en somnambulisme, je l'appelais Zizine, nom tiré
d'un roman de Paul de Kock. Une fois, je la
tutoyai, pour voir si elle ferait comme d'autres
somnambules qui, dans cette circonstance, tu-
toient leur magnétiseur. Mais elle ne les imita
pas ; seulement deux ou trois fois, lorsque je
l'appelais Zizine, elle me disait : « Oui, Zizin. »
— « Comment, mademoiselle, vous m'appelez
Zizin ! « — « Non, non, non, c'est pour rire ; je
ne le dirai plus. » Un jour, je dis à madame A...,
« Pour éprouver votre demoiselle, faites sem-
blant de vous en aller, vous verrez qu'elle vous
laissera partir, » et voyant Zizine rester tranquillement la tête appuyée sur mon épaule, je
lui dis : « Zizine, ta maman s'en va ; veux-tu

rester avec moi ? » — Zizine. « Je le veux bien, monsieur. » — « Vraiment, tu la laisserais partir et tu resterais ici toute seule avec moi ? » — Zizine. « Mais certainement, monsieur, puisque cela vous fais plaisir. » Madame A..., tenant la porte entre ouverte : « Comment, ma fille, tu ferais un coup pareil ? Tu laisserais partir ta mère ? » — Zizine. « Oui, maman, quand je suis en somnambulisme, je ne te connais pas, tu n'es pas ma mère ; alors je ne connais que mon magnétiseur ; c'est lui qui est mon maître. » Madame A..., rentra bien vite dans la chambre, comme on doit le penser. Au bout d'un quart d'heure, je réveillai Zizine, et au moment où elle ouvrait la porte pour partir, je lui dis : « Mademoiselle, vous ne restez donc pas avec moi ? — Zizine. « A quoi bon, monsieur, puisque maman s'en va ? est-ce que ma place ne doit pas être auprès d'elle ? » — « Mais ce n'est pas ce que vous disiez tout à l'heure, puisque vous vouliez la laisser partir, prétendant qu'elle n'était pas votre mère. » — Zizine. « Ah ! plus souvent. »

Avis aux jeunes filles qui, poussées par la curiosité, se font magnétiser sous le prétexte le plus léger ; elles s'imaginent qu'elles seront toujours maîtresses d'elles-mêmes, qu'elles continueront à jouir de leur libre arbitre : et dès qu'elles sont en somnambulisme, elles se trouvent soumises comme des esclaves, plus que des esclaves, puisqu'elles sont complices, à des personnes qu'elles connaissent à peine ; lorsqu'elles sont réveillées, elles ont oublié tout ce qu'on vient de leur faire ; c'est très-commode pour le magnétiseur.

Afin de préserver mes deux somnambules de tout danger à cet égard, je leur recommandai à leur réveil de ne pas se faire magnétiser par d'autres personnes que par moi ; elles me le promirent ; mais elles eurent bientôt oublié leurs promesses. Un soir que Zizine se trouvait chez ses parents avec sa sœur aînée, Maria et une voisine plus âgée, il lui prit une grande envie de dormir ; quoiqu'elle cherchât à résister à ce sommeil, elle avait peine à y parvenir, et elle disait à sa sœur : « C'est étonnant, comme j'ai envie de dormir ! il faut que mon magnétiseur pense à moi ; il veut sans doute m'endormir à distance. » Celle-ci profita de l'occasion, et dit à Zizine : « Veux-tu que je t'endorme ? je vais faire comme M. Beaux. » Après quelques passes, Zizine entra en somnambulisme. A son tour, Maria eut envie de dormir, et Zizine, en la magnétisant, la mit dans le même état que celui où elle se trouvait. Alors mademoiselle A... aînée, qui n'avait magnétisé sa sœur que par curiosité, commença à l'interroger, et lui demanda : « Mon amant m'aime-t-il ? Me marie-

rai-je avec lui? Serai-je heureuse en ménage?
Et toi, aimes-tu quelqu'un? Est-ce ton magnétiseur? Le sait-il? Pourquoi es-tu rentrée hier
soir une heure plus tard que de coutume? Où
as-tu été ?... » Zizine répondit aux premières
questions; mais lorsqu'elle vit que sa sœur devenait trop curieuse, elle lui dit : « Ah ! c'est
donc pour cela que tu m'as mise en somnambulisme? Quand je serai réveillée, ne t'avise pas
de me rapporter ce que je viens de t'avouer,
parce que tu verrais ce qui t'arriverait... Ah !
que je suis agitée! que j'aurais besoin de mon
magnétiseur pour me calmer!... Il n'est pas
chez lui... Je le trouverais bien si je voulais...
Tiens, il est au Palais-Royal; j'ai envie d'aller le
trouver. » — Mademoiselle A. : « Je te le dé-
fends; je veux que tu restes ici. » Aussitôt
Maria se lève brusquement pour se jeter sur
mademoiselle A... Zizine la retient, l'entraîne
au milieu de la chambre; et les voilà faisant des
gambades, poussant des cris discordants, courant l'une après l'autre en sautant sur les
chaises, sur le lit, sur la commode. En vain mademoiselle A... disait à sa sœur : « Réveille-
toi sur-le-champ ; je t'ordonne de te réveiller. »
Celle-ci répondait en ricanant « Ah ! voilà
qu'elle fait comme mon magnétiseur, quand il
veut me réveiller. Mais toi, je ne t'écoute pas,
c'est comme si tu chantais. » Et en disant cela,

elle tira les draps hors du lit, jeta à terre l'oreiller, le traversin, et finit par pisser au milieu de la chambre. « Ah çà ! dit la voisine, ce sont de vraies diablesses que nous avons là ; il faut les réveiller ; elles ne peuvent pas rester dans un pareil état. » — Mademoiselle A... « Mais puisqu'elles ne veulent pas m'écouter, que voulez-vous que j'y fasse ? J'ai envie d'aller chercher M. Beaux. » — La voisine s'adressant à Zizine : « Allons, ma petite amie, il faut être raisonnable ; tes parents vont bientôt rentrer, que diront-ils lorsqu'ils verront chez eux tout sens dessus dessous ? Tu sais que je t'aime bien, mon enfant, tu ne voudrais pas me faire de la peine. Allons, sois bien gentille, laisses-toi réveiller par ta sœur ? » — Zizine. « Non, je ne veux pas que ma sœur me réveille ; ce sera Maria, en me faisant des passes en travers sur le front, et en me disant : « Je t'ordonne de te « réveiller, au nom de M. Beaux, et ensuite je lui ferai la même chose. » C'est ainsi qu'elles sortirent du somnambulisme ; mais le restant de la soirée elles eurent des bâillements continuels, des maux de tête, de l'oppression, etc.

Elles étaient bien convenues entre elles de ne pas me parler de ce qui venait de leur arriver ; mais le lendemain, je ne les eu pas plutôt mises en somnambulisme, que Maria, en l'absence de Zizine, qu'on avait menée dans une chambre voisine, me raconta la scène de la veille. Lorsque Zizine fut revenue, je lui dis : « Hé bien ! Zizine, hier soir, en mon absence, tu as donc fait des tiennes ? » — Zizine : « Comment ! Maria vous l'a dit ? Nous nous étions pourtant promis de ne pas vous en parler ! » — « C'est bien joli de ta part ; seulement j'aurais voulu que ton confesseur eût été là ; il aurait vu comme se comportait une demoiselle de la confrérie de la Vierge. » Zizine. « Mais il n'y était pas non plus. » — « C'est égal, quand tu iras à confesse, il faudra que tu le lui dises. » — Zizine. « Ah bah !... je ne lui en dirai rien... D'ailleurs, je ne pourrai pas le lui dire, puisque je ne m'en ressouviendrai pas. » — « Veux-tu que je t'en fasse ressouvenir ? » — Zizine. « Non, non, non, je ne veux pas. » Et pour me faire penser à autre chose, elle se mit à chanter. Sa voix avait de la justesse et de l'étendue ; mais elle était un peu prétentieuse ; et ce défaut ne disparaissait, dans son somnambulisme, que lorsqu'en l'accompagnant de ma flûte, je m'animais un peu. Cela arrivait encore lorsqu'elle chantait un air de madame Malibran : *Le Réveil d'un beau jour*, qui lui plaisait beaucoup. La première fois qu'elle le chanta, je lui demandai si elle le connaissait ; elle me dit que non. « Veux-tu t'en ressouvenir à ton réveil ? » — Zizine. « Ah ! je le voudrais bien. » — « Je t'ordonne de te res-

souvenir de cet air là, quand tu seras éveillée, »
et en même temps je lui mis dans la poche de
son tablier un papier où j'avais écrit d'avance
les paroles sur lesquelles cet air avait été composé.

Peu après son réveil, en mettant la main
dans sa poche, elle y trouva la chanson, et dit :
« Tiens, j'ai un morceau de papier dans ma
poche... c'est une chanson. » — « En sais-tu
l'air ? » — Zizine. « Oui. » Elle en chanta le
commencement, mais elle s'arrêta au milieu du
couplet, en disant : « Je savais pourtant cet air
là tout à l'heure. » — « Quand donc tout à
l'heure ? » — Zizine. « Quand je lisais la chanson. » Je vins à son aide et elle continua toute
seule ; mais sa voix avait repris son ton pré-
tentieux. « C'est étonnant, disait-elle, comment sais-je donc l'air de cette chanson ? Pourtant je ne l'ai jamais entendu chanter. Est-ce
que vous me l'auriez fait apprendre dans mon
sommeil ? » Je lui dis que oui, et elle parut
contente d'avoir appris ce joli air en dormant.

Un jour que je sortais de chez ses parents,
et qu'elle me reconduisait, au lieu de rentrer
sur-le-champ, elle s'arrêta sur le carré de l'escalier, comme pour remettre sa jarretière, et
pendant que je descendais, elle chanta l'air de
l'opéra Jean de Paris : *Quel plaisir d'être en
voyage !* avec une voix si agile, si flexible, que

je ne pus m'empêcher de penser qu'elle n'aurait pas été déplacée sur un de nos grands théâtres lyriques. Alors, le défaut que je lui reprochais avait entièrement disparu : mais, dans ce moment, je ne tirai aucune conséquence de ce fait singulier. Ce ne fut qu'après en avoir obtenu un semblable sur la somnambule dont je vais parler, que je me convainquis que c'était le magnétisme qui avait produit une telle amélioratiou de la voix dans l'état de veille.

DEUXIÈME OBSERVATION.

Parmi les personnes qui assistaient quelquefois aux magnétisations de Zizine, se trouvait une jeune ouvrière, âgée de dix-huit ans ; je lui avais toujours vu un visage pâle, un air souffrant ; je pensai que la magnétisation, en lui donnant un peu de ton, ferait disparaître tout cela. En quelques séances elle fut en somnambulisme, et se mêla bientôt aux jeux de mes deux autres somnambules ; mais son caractère était bien différent. Elle était volontaire, emportée, bizarre même ; aussi je n'éprouvais pas, près d'elle, ce calme, cette tranquillité, ce bien-être que je ressentais avec les deux autres

Dans l'état de veille, dès que je l'approchais, elle avait de grands bâillements à s'en luxer la mâchoire, me regardait avec effroi, et parfois faisait un mouvement en arrière comme pour se sauver; lorsque je lui demandais pourquoi elle paraissait ainsi effrayée, elle me disait qu'elle ne le savait pas, que c'était plus fort qu'elle. Ce qui me parut un présage sinistre, ce fut de la voir, depuis qu'elle était entrée en somnambulisme, aller tous les dimanches, quelque temps qu'il fît, au cimetière du Père-Lachaise, s'agenouiller sur la tombe de sa mère, et y pleurer des heures entières, comme pour implorer son secours contre quelque danger prochain.

Cette jeune fille demeurait avec son beau-père, qui, lorsqu'elle sortit de l'enfance, s'amouracha d'elle; mais elle ne pouvait pas le souffrir, et, pour se préserver de ses attaques quand il s'enivrait, ce qui lui arrivait souvent depuis la mort de sa femme, et le rendait d'une lubricité extrême, elle était obligée de fermer à clef la porte vitrée de la chambre où elle passait la nuit, et de faire coucher sa petite sœur avec elle. Un jour même, elle fut forcée d'assister, comme elle me l'avoua en somnambulisme, à une scène semblable à celle que rapporte, avec tant de dégoût, J.-J. Rousseau, dans ses *Confessions*. Pensant, si elle quittait son beau-père, à l'état d'abandon dans lequel se trouverait sa petite sœur, elle patienta tant qu'elle put, et ne chercha pas, dans quelque liaison amoureuse, du soulagement à ses peines. La sagesse de sa conduite, qui dépendait en partie de la froideur de son tempérament, me donna l'idée de faire une expérience pour confirmer une opinion que j'avais depuis longtemps sur la cause de quelques affections morales. L'on croit généralement que ce qui donne de l'amour, par exemple, ce sont les grâces, la beauté, les talents, les vertus, etc., et pourtant l'on voit souvent des hommes n'ayant aucun de ces avantages, ni rien de caché qui puisse faire compensation, même au dire des femmes dont ils ont obtenu les faveurs, faire naître de grandes passions qui durent toute la vie. Il faut donc qu'il y ait une autre cause que celles dont je viens de parler, et cette cause est l'influence magnétique spontanée ou artificielle.

Le magnétisme est, en effet, le moyen le plus puissant pour produire la passion de l'amour, soit que l'on fasse des passes au contact ou à distance, soit que l'on n'emploie que le regard, le souffle, etc., à l'exemple du P. Girard, confesseur de la Cadière, de Gaufridy, confesseur de Madeleine de la Palud, et de tant d'autres charmeurs des temps passés. En magnétisant cette jeune fille, j'eus donc l'intention de développer chez elle cette passion à un haut degré. Si l'expérience réussissait, j'étais entièrement convaincu ; car je la connaissais depuis son enfance ; elle n'avait jamais fait plus d'attention à moi qu'à toute autre personne, et la différence d'âge qui était entre nous deux me rendait certain qu'elle ne passerait pas de l'indifférence à un violent amour sans une cause puissante.

L'on me dira, sans doute, pourquoi avez-vous fait cette expérience ? Peut-être avez-vous soufflé sur votre somnambule, comme le P. Girard sur la Cadière. — Hé bien ! lorsque cela serait ? La fin justifie les moyens ; ce n'est pas un mal de se faire aimer ; mais ce qui en est un, c'est de nuire à qui nous aime. Moi, je n'avais aucune intention d'abuser de ma somnambule ; je savais que si je parvenais à développer chez elle, par le magnétisme, la passion de l'amour, je pourrais aussi, quand je le jugerais convenable, diminuer cette passion ou la faire disparaître ; et alors aucun danger n'existait pour cette somnambule ; il y avait même un avantage : car l'amour ennoblit ou dégrade le caractère, selon les personnes pour qui on l'éprouve.

Dès le moment où je mis mon projet à exécution, ma somnambule ressentit le sentiment que je voulais lui inspirer ; à peine pouvait-elle disposer d'un instant, qu'elle en profitait pour venir se cacher aux environs de la maison que j'habitais, dans l'espoir de me voir sortir ou rentrer. Étant en somnambulisme, elle me dit : « Comme je deviens fausse maintenant ! je ne fais que des mensonges à mon beau-père pour pouvoir m'en aller quand j'ai envie de me faire magnétiser. Aujourd'hui, j'ai dit à la dame chez qui je suis en journée, que j'étais obligée de sortir, pendant une heure, pour avoir de l'ouvrage, tandis que c'était afin de venir ici. » Une autre fois, pensant que j'étais seul chez moi, elle vint me trouver ; à peine fut-elle en somnambulisme, qu'elle parut réfléchir profondément, et elle s'écria tout à coup ; « Ah ! mon Dieu ! quelle imprudence ! être seule ici avec vous ; moi, qui ai tant de prévoyance ! » — « Mais, lui dis-je, vous savez pourtant, par la connaissance que vous avez de mon caractère dans le moment actuel, que vous n'avez rien à craindre de moi. « — « Ah ! c'est égal, je ne devrais pas me trouver ici. » Peut-être se défiait-elle d'elle-même, et elle avait raison ; car la femme la plus pure, la plus sage, dans l'état de veille, ne sait pas les idées qui lui viendront en somnambulisme. Il faut très-peu de temps pour qu'il s'établisse, entre elle et son magnétiseur, une intimité aussi grande que s'ils vivaient ensemble depuis longtemps, et il est rare que ce dernier ne puisse dire de sa somnambule : *Voilà l'os de mes os et la chair de ma chair*.

Entièrement soumise aux lois de la nature, elle tient peu compte des conventions morales, et si elle éprouve des désirs, elle ne sait pas les cacher. En vain sera-t-elle d'une froideur extrême, en vain aura-t-elle un magnétiseur incapable d'abuser de sa situation, il suffira que celui-ci éprouve involontairement le moindre désir, pour que, si elle s'en aperçoit, elle se mette à l'unisson. Alors on voit dans tout son jour le combat qui s'élève entre son devoir et ses passions, et, il faut l'avouer, ce n'est guère le devoir qui l'emporte. Aussi, lorsque je vois tant d'imprudents conduire leurs femmes et leurs filles à ces sociétés de magnétisme où l'on fait des expériences de curiosité, les livrer au premier venu, lui laisser prendre sur des personnes qui leur sont chères, un pouvoir aussi redoutable que celui du magnétiseur sur sa somnambule, je ne puis m'empêcher de dire en moi-même : Insensés que vous êtes ! Si l'avenir vous était dévoilé, il y en a plus d'un, parmi vous, qui aimerait mieux les traîner la corde au cou à la rivière.

Chez beaucoup de somnambules, il n'est pas besoin de chercher à développer la passion de l'amour pendant qu'on les magnétise ; car généralement ils ont de l'affection, de l'attachement pour ceux qui les font entrer habituellement en crise, et de là à l'amour il n'y a pas loin, lorsque les sexes sont différents. Zizine ne faisait pas exception à cette règle. Dans une de ses crises, elle m'avoua que sa sœur aimait quelqu'un. « Et moi, j'en aime un autre, ajouta-t-elle. La nuit, quand ma sœur, qui couche avec moi, se met à pleurer, je lui tourne le dos et je pleure aussi. Alors elle me dit : Ne pleure pas à cause de moi, ma pauvre petite, c'est bien assez d'une qui s'afflige. Au fait, c'est que ce n'est pas pour elle que je pleure. Elle pleure pour son amant, et moi, pour le mien. Chacun pour soi, c'est bien assez. »

Aussi Zizine et ma nouvelle somnambule, à qui elle avait donné le nom de Brillantine, n'é-taient pas souvent d'accord. Un jour qu'elles étaient assises à mes côtés, ayant chacune la tête appuyée sur une de mes épaules, pour se fortifier (note 17), Brillantine, profitant de ce que Zizine avait le front appuyé sur ma tempe, me donna un coup de tête. Zizine reçut le contre-coup, et dit brusquement : « Qui est-ce qui me frappe ? » — « C'est Brillantine qui m'a donné un coup de tête pour faire un carambolage. » — Zizine. « Bestias. » — Brillantine : « Comment, Bécasse ? — Zizine. « Hé non ! Bestias. » — Brillantine. « Ah ! elle est toujours avec son latin d'église, cette demoiselle de la confrérie. » — « Voulez-vous vous taire ? Vous êtes toujours à vous taquiner quand vous êtes ensemble , c'est ennuyeux cela. » Après un moment de silence, prenant la main de Zizine et la mettant dans celle de Brillantine, je leur dis : « Faites la paix. » Voyant qu' elles me laissaient faire , j'ajoutai : « Embrassez-vous. » Zizine. « Non, j'aime mieux vous embrasser ; je vais vous embrasser sur la joue gauche. » — Brillantine. « Et moi sur la joue droite. » — « Allons, mes enfants, terminez toujours vos disputes de la même manière. »

Hors ces petits moments d'impatience, tout allait bien : Maria jouait aux dominos sans les regarder ; Zizine faisait, pour sa poupée, des robes, des bonnets ; Brillantine racontait les aventures plaisantes qui lui étaient arrivées le soir en revenant de sa journée. Aussi, quand je les avertissais que l'heure de les réveiller allait sonner, elles se cachaient bien vite derrière les chaises des assistants, et se sauvaient dès que j'étais près de les atteindre. Une fois, Zizine me prit les mains, et se jetant à genoux, me dit : « Ne nous réveillez pas , laissez-nous dormir encore un peu ; nous ne serons jamais si heureuses qu'à présent. » Elle ne disait que trop vrai ; quelques années sont à peine écoulées, l'une d'elles est déjà dans la tombe, et peut-être, à ses derniers moments, pouvait-elle envier le sort de ces princesses égyptiennes, qui, du moins, n'étaient profanées qu'après leur mort. Mais quelle est cette jeune femme qui s'avance à l'audience de la cour d'assises ? » Elle éprouve un tremblement convulsif presque continuel ; sa figure douce et distinguée, la souffrance qu'elle paraît éprouver, et la triste infirmité dont elle est atteinte, attirent sur elle tous les regards, et font naître, dans l'auditoire, une impression pénible. » (*Gazette des Tribunaux*, février 1844.)

Ah ! pauvre Zizine, tu ne disais que trop vrai ! Tu prévoyais, sans doute, le malheur qui te menaçait, quand tu m'adressais ta prière !... Et Maria, ton amie d'enfance, avec qui tu partageais ton frugal repas ; alors elle se croyait bien malheureuse, elle ignorait que les douleurs qu'on éprouve sont légères en comparaison de ce que l'on ressent en voyant souffrir ceux qu'on aime ! Qu'êtes-vous donc venu faire au monde, infortunées que vous êtes, pour n'avoir que des souffrances à y endurer ? N'aurais-je pas mieux fait, au lieu de vous rendre à la vie réelle, de prolonger indéfiniment votre sommeil bienfaisant ? Alors vous étiez heureuses ; insouciantes de l'avenir, vous jouissiez sans crainte du présent que je pouvais d'ailleurs embellir à vos yeux (note 18).

Dans une de ces séances, à la fois si attachantes et si instructives, Brillantine, impatientée d'entendre toujours louer la voix de Zizine, annonça qu'elle voulait chanter une petite chanson, espérant recevoir à son tour des applaudissements ; mais elle fut trompée dans son attente ; elle chanta si mal qu'elle n'osa pas achever le premier couplet. Il fallait voir comme Zizine et Maria chuchotaient ensemble! comme elles étaient contentes ! Quelqu'un me dit : « Pourquoi ne cherchez-vous pas à lui donner une belle voix en somnambulisme ? Vous réussiriez peut-être, puisqu'il y a des personnes qui, dans cet état, acquièrent de la voix spontanément. » A tout hasard, sans croire que je réussirais, je donnai cet ordre, et puis on parla d'autre chose. Au bout d'une demi-heure, la somnambule demanda de nouveau à se faire entendre. On fit silence, et elle chanta une romance dont elle venait de composer l'air et les paroles, et où elle exprimait tout son amour. Mais sa voix était devenue si douce, si touchante, sa douleur était si vraie, que tout le monde fut ému jusqu'aux larmes, et qu'on me pria de ne pas la laisser continuer. La personne qui était cause de cette scène, et qui connaissait Brillantine depuis plusieurs années, était stupéfaite de ce qu'elle venait d'entendre. « Comment se fait-il, se disait-elle, qu'ayant une voix si fausse dans l'état de veille, cette jeune fille puisse chanter aussi bien en somnambulisme (note 19)? Quel malheur qu'à son réveil elle perde une aussi jolie voix. » Alors Zizine, qui ne riait plus, dit avec dépit : « Cela dépend de M. Beaux; il n'a qu'à lui ordonner de conserver sa voix quand elle sera éveillée, et elle la conservera. Il m'a défendu de manger du papier, et depuis ce temps-là je n'en mange plus » Voici à quoi elle faisait allusion : Un soir, en somnambulisme, Zizine me dit : « Monsieur, défendez-moi donc de manger du papier ; chaque fois que j'en vois un morceau je m'en empare, et l'envie que j'ai de le manger est si grande que je l'avale souvent sans me donner la peine de regarder ce que c'est. » — « Ah ! est-ce que tu fais cela partout où tu te trouves? Alors tu n'es pas dégoûtée. » Prenant un ton grave : « Mademoiselle, je vous ordonne de ne plus manger de papier. » Zizine. « Merci, monsieur. » Huit jours après, elle me dit : « Vous ne savez pas, hier, mon envie de manger du papier est revenue ; j'en ai mis un morceau dans ma poche, et je crois même que j'en ai mangé un petit peu. » Je renouvelai ma défense, et depuis ce temps-là l'envie ne lui en est pas revenue.

Un autre jour, elle me pria de lui ordonner de ne pas avoir peur. « Lorsque je reviens de ma journée, et qu'il fait nuit, je n'ose pas monter toute seule mon escalier qui est obscur, et j'appelle maman pour m'éclairer ; quand il fait froid, ce n'est pas agréable de faire une faction dans la rue, et alors je crois qu'elle le fait exprès, je suis obligée d'attendre plus long-temps. » Je lui défendis d'avoir peur, et à compter de ce jour, elle monta l'escalier sans lumière. Je ne voyais pas trop le rapport qu'il pouvait y avoir entre la défense faite à une som-nambule de faire une chose, ou celle de ne pas avoir peur, et l'ordre d'acquérir un talent quel-conque ; mais, après m'être promis de ne pas dire à Brillantine de chanter à son réveil, afin qu'on ne se moquât pas de moi, si aucun chan-gement avantageux ne s'était opéré dans sa voix, je lui dis impérativement : « Je vous or-donne, mademoiselle, de conserver, étant éveil-lée, la beauté de la voix que vous avez acquise en somnambulisme. » — Brillantine. « Je vous remercie, monsieur. » Au même instant, Zizine s'écrie : « Ah ! que c'est bête, de voir de ces choses-là ! » — « Quoi donc ? » — « Je vois un petit garçon qui fait caca au bas du pont, auprès d'un réverbère. » — « Est-il allumé ? » — — « Oui. » — Tourne la tête et bouche-toi le nez. » Zizine, après avoir obéi : « Je le vois encore. » — « Vision, disparaissez. » — Zizine: « Ah ! je ne vois plus rien. » (Note 20).

Depuis cette séance, Brillantine était venue plus rarement et, chaque fois, je n'agissais sur elle qu'avec l'intention de lui ôter la passion

que je lui avais donnée. Près de deux mois s'é-
taient écoulés depuis que je ne la voyais plus,
lorsque j'appris, de la même personne qui m'a-
vait engagé à donner une belle voix à cette
somnambule, que cette dernière l'avait conser-
vée à son réveil. « Il y a peu de temps, me dit-
elle, que Brillantine était en journée chez une
dame qui, l'ayant vu naître, lui fait prendre ses
repas avec elle, quand elle l'emploie : cette
dame donnait à dîner, ce jour-là, à plusieurs
personnes de connaissance. Au dessert, on
chanta ; et lorsque le tour de la jeune ouvrière
fut arrivé, il fallut qu'elle fit comme les autres
convives. Mais, sans se troubler le moins du
monde, elle chanta une romance d'une voix si
douce, si expressive, qu'elle fut couverte d'applaudissements. On lui fit répéter cette romance
et une autre qu'elle savait depuis peu : c'était
là tout son répertoire. La dame de la maison,
ne sachant à quoi attribuer un changement
aussi extraordinaire dans la voix de sa protégée,
ne pouvait revenir de sa surprise. »

Il paraîtra peut-être singulier que cette somnambule, qui aurait dû avoir pour moi quelque
reconnaissance, n'ait pas cherché, une seule
fois, à me faire jouir du talent que je lui avais
donné. Ceci vient de ce qu'elle ne se ressouvenait
pas, étant éveillée, de ce qui lui était arrivé en
somnambulisme, et que personne ne le lui avait

appris. Néanmoins, quelque temps après ce dîner, elle eut à travailler dans la maison où je demeure. Plusieurs ouvrières, à leur fenêtre, abrégeaient, en chantant, la longueur de leur journée ; mais l'une commençait sa chanson sur un ton trop haut, l'autre tombait dans l'excès contraire, celle-ci avait fait entièrement divorce avec les dièzes et les bémols. Brillantine profita d'un moment de silence pour chanter à son tour.

A peine eus-je entendu cette voix si pleine de douceur, de suavité, de plénitude, que je reconnus celle de ma somnambnle. Mais ce qui me frappa le plus, ce fut l'art avec lequel elle posait sa voix avec aplomb, et savait en ménager les ressources. En me rappelant cette remarque de Fétis, que « lorsqu'il existait en Italie de bonnes écoles de chant, *la mise de voix*, comme disaient les chanteurs de ce temps, était une étude de plusieurs années. » Je ne pouvais revenir de mon étonnement en voyant cette jeune fille, sans aucune disposition apparente pour le chant, sans aucune étude musicale, avoir acquis instantanément un talent si rare et porté à un si haut degré, qu'en l'écoutant j'éprouvais une espèce de bien-être ; ma respiration se faisait plus librement ; il me semblait que ma poitrine réglait ses mouvements à l'unisson de la sienne, de sorte que je pouvais répéter, mentalement et sans effort, le chant de ma

jeune virtuose qui s'identifiait d'ailleurs, en canta-
trice consommée, à la situation et aux sentiments
du personnage qu'elle représentait. (Note 21).

Après qu'elle eut cessé de chanter, un silence
profond régna pendant quelques instants, muet
hommage rendu, par ses compagnes, à la supé-
riorité de son talent. Ce fut la seule fois que je
l'entendis dans son état de veille, et encore par
un effet du hasard. J'appris, plus tard, qu'elle
avait été forcée de quitter son beau-père, et
d'aller chez une amie de sa mère. Au bout de
quelques mois, elle devait se marier ; huit jours
avant son mariage, influencée par les conseils
de plusieurs personnes, qui lui disaient qu'il
était convenable que le mari de sa mère, revenu
à des sentiments plus raisonnables, la conduisît
lui-même à l'autel, elle quitta l'asile tutélaire
où elle s'était réfugiée ; mais le jour de ses
noces, la mariée avait pour voiture le corbillard
des pauvres : une fièvre cérébrale l'avait emportée en huit jours. Alors je compris pourquoi
cette infortunée, depuis qu'elle était entrée en
somnambulisme, allait chaque dimanche pleurer sur la tombe de sa mère, pour implorer son
secours. Cette mort prématurée m'expliqua un
fait singulier dont j'avais eu connaissance trois
ans auparavant. A cette époque, je traitais la
mère de Brillantine d'une pneumonie chronique.
Le jour de sa mort, je lui avais ordonné une

potion calmante. Lorsque je fus sorti , elle dit qu'elle sentait qu'elle allait mourir, et qu'il était inutile de dépenser de l'argent pour avoir cette potion. Mais l'agonie approchant, cette femme parut inquiète de ne pas me voir : elle m'appelait à grand cris en pleurant, et mourut en prononçant mon nom. Les personnes qui l'entouraient crurent que c'était du délire qu'elle avait, et ne vinrent pas me chercher. Sans doute, dans ce moment suprême, où l'âme acquiert parfois la connaissance de l'avenir, cette pauvre mère, prévoyant le malheur qui menaçait celle à qui elle avait donné le jour, voulait, avant d'aller dans l'autre monde, me prier d'être le protecteur de sa fille dans celui-ci. Mais le sort en avait décidé autrement : il ne m'appartenait pas d'avoir quelque influence sur la destinée de ma somnambule ; du moins j'ai pour moi cette consolation que, si je ne lui ai pas été utile, je n'ai rien fait non plus qui ait pu occasionner sa perte. Heureux celui qui, à la fin de sa carrière, tournant ses regards en arrière pour revoir le chemin de la vie qu'il a parcouru, n'aperçoit aucun geste menaçant, n'entend aucune imprécation de la part de ceux qui ont été ses compagnons de voyage. Sans doute, il s'est privé de plaisirs enchanteurs ! mais sa conscience est tranquille ; aucun remords ne vient la troubler à ses derniers moments, et il s'avance, sans crainte, vers la tombe, quel que soit le sort que lui réserve l'impénétrable avenir.

TROISIÈME OBSERVATION.

Lorsque je perdis cette somnambule, Zizine, étant entièrement rétablie, cessa de se faire magnétiser; et, pendant à peu près deux ans, quoique près de cent personnes eussent été témoins des faits que je viens de rapporter, aucune d'elles ne me témoigna le désir de se faire magnétiser, dans l'espoir d'acquérir une belle voix. Moi-même, je ne pus, à cause d'affaires personnelles, continuer mes expériences. Ce ne fut qu'au milieu de l'année 1844, que je trouvai l'occasion de confirmer mes deux premières observations. Ayant conseillé le magnétisme à une jeune veuve, madame F..., qui avait de l'oppression au creux de l'estomac, je lui dis, pour la déterminer à se faire magnétiser, qu'elle pourrait, peut-être, acquérir aussi une belle voix comme Zizine et Brillantine, dont elle avait entendu parler. Pendant les premières passes, madame F... ne pouvait s'empêcher de rire; elle disait qu'on ne l'endormirait jamais. Mais à sa respiration qui se faisait plus librement, je sentis que j'agissais sur elle et je l'en avertis. Elle m'avoua, plus tard, qu'elle avait été fort étonnée de ce que je devinais qu'elle éprouvait quelque chose. Bientôt elle resta immobile sur sa chaise, sa physionomie devint sérieuse ; afin d'agir plus fortement, je pris sa tête entre mes mains, je lui fermai les paupières avec mes pouces, et j'appliquai mon front contre le sien ; aussitôt elle parut comme anéantie, poussa de grands soupirs, et contracta spasmodiquement les bras et les jambes. Je craignis que des convulsions ne survinssent, et je m'éloignai en faisant des passes à distance, afin de la calmer. Les effets qu'elle éprouvait ne tardèrent pas à cesser, et elle s'éveilla avec un grand frisson.

Le lendemain, madame F... désira se faire magnétiser : les yeux se fermèrent bientôt, les clignotements des paupières cessèrent entièrement, et le corps devint immobile ; alors je lui demandai si elle dormait. Sans ouvrir les yeux, elle me répondit qu'elle était seulement assoupie. En sortant de crise, elle parut étonnée de ne pas avoir son peigne et son tablier, que je lui avais ôtés parce qu'ils la gênaient ; elle ne se ressouvenait pas d'avoir parlé ; cependant elle n'avait pas oublié que je lui avais joué plusieurs airs de flûte, ce qui me fit penser qu'elle voulait me faire croire qu'elle était entrée en somnambulisme.

Le troisième jour, madame F... vint toute
seule, disant qu'elle avait beaucoup d'oppression. Elle s'étendit sur un lit de repos, et, au
bout de dix minutes de magnétisation, ses yeux
se fermèrent. Je la laisse reposer pendant un
quart d'heure, tout en continuant de lui faire
des passes à distance, et je lui dis ensuite à voix
base : Dor...mez...-vous ? Je ne reçois pas de
réponse. Au bout d'un quart d'heure, je renou-
velle ma demande avec la même précaution :
même silence de sa part. Depuis qu'elle avait
fermé les yeux, le corps était dans une immo-
bilité complète, la respiration à peine sensible.
Je lui touche les mains, elles sont froides ; la
peau du visage l'est aussi. Il est vrai que le
temps était froid et sombre ce jour là ; le pouls,
est filiforme, bientôt on ne le sent plus ; mon
oreille, appliquée à la région du cœur, à travers
les vêtements, n'en perçoit pas les battements ;
alors, je ne sais pourquoi, je m'imaginai que
madame F... allait tomber dans un état de mort
apparente. « Si j'avais sous la main un miroir,
» me disais-je, je l'approcherais de son visage
» pour m'assurer si son haleine le ternirait :
» mais pendant que j'irai le chercher et que
» j'allumerai une bougie, la mort pourra sur-
» venir. » J'étais d'autant plus contrarié que,
contrairement à mes habitudes, je l'avais magnétisée plutôt par complaisance que pour tout

autre motif ; car je crois bien qu'elle n'avait pas plus d'oppression que moi au creux de l'estomac. Si elle vient à mourir entre mes mains, que pensera-t-on de moi ? On me dira : « Mais pourquoi donc l'avez-vous magnétisée ? » — « C'était pour lui faire avoir une belle voix ! » — « Ah ! je vous fais mon compliment, vous avez bien réussi. » Et moi, qui croyais avoir de la prudence !... Ah ! qu'il faut réfléchir avant de blâmer ses semblables ! Tel qui n'a pas failli ne le doit souvent qu'à ce que l'occasion de faire comme les autres ne s'est pas présentée !

Tout en faisant ces réflexions, je continuais à faire des passes de la tête aux pieds, à souffler chaud au front, au creux de l'estomac; mais la respiration ne se rétablissait pas , la peau restait toujours froide. Enfin, je lui dis encore : « Dor...mez...-vous ? » Aussitôt elle se met vivement sur son séant, en ouvrant de grands yeux irrités, et me dit brusquement : « Non, je » ne dors pas, je n'ai pas dormi un instant... » c'était pour vous éprouver ce que j'en ai fait., » Je voulais voir jusqu'où vous iriez. » — « Com- » ment, jusqu'où j'irais ? mais je n'ai été que » jusqu'où je devais aller. Voulez-vous que je » vous montre, dans les ouvrages des magnéti- « seurs, ce qui est ordonné dans des cas sem- » blables à celui où vous paraissiez être? Qu'au- » riez-vous donc dit si j'avais voulu faire comme

» ce magnétiseur qui, voyant son ami tomber
» dans un état de mort apparente, se désha-
» billa tout nu, le couvrit de son corps pour le
» réchauffer, et lui souffla trois heures de suite
» dans la bouche, comme pour rappeler un
» noyé à la vie? » Pendant que je lui faisais cette
remontrance, je vois madame F... tourner la
tête de côté, et comme se parlant à elle-même,
dire tout bas : « Sacré roué, va ! »—« Comment !
sacré roué ? Je vous conseille de parler : si l'un
de nous deux est un roué, je sais bien lequel...
Ah ! comme on respire bien lorsqu'on n'a plus
d'inquiétude !.. Quoi qu'il en soit, vous avez eu
tort d'agir comme vous l'avez fait ; maintenant,
je n'ai guère d'espoir de vous faire entrer en
somnambulisme. »

J'étais un peu contrarié d'avoir été ainsi mys-
tifié, quoique cela puisse d'ailleurs arriver à
tout magnétiseur lorsqu'il n'est pas sur ses
gardes. Aussi la première fois que je la revis,
je ne lui montrai aucun désir de la magnétiser.
Mais, au bout d'une quinzaine de jours, elle me
dit : « Au fait, le magnétisme m'a fait du bien,
je n'ai pas été oppressée depuis ce jour là ; magnétisez moi? Vous n'avez pas besoin de chercher à m'endormir, cela me soulagera toujours. »
Je ne voulus pas la désobliger, et je la magnéti-
sais de temps en temps, quand elle disait être
oppressée, mais sans produire le somnambu-

lisme. Je ne pensais donc pas que sa voix s'a-
méliorerait; néanmoins, le goût de la musique se
développa peu à peu chez madame F... Je jouais
quelquefois de la flûte devant elle, et bientôt
elle eut envie de m'accompagner. Je ne tardai
pas à m'apercevoir que sa voix gagnait en étendue et en justesse, et au bout de six semaines,
elle avait acquis toute la perfection dont elle
était susceptible. Le goût s'était formé concurremment avec la voix; aussi madame F... n'a-
vait-elle rien à envier aux deux somnambules
dont j'ai parlé ci-dessus. J'ai entendu souvent,
soit au théâtre, soit dans des concerts, des
cantatrices d'un grand talent : mais elles m'ont
rarement procuré autant de plaisir que madame
F... Les cantatrices de théâtres sont forcées de
chanter des airs qui, trop souvent, ne valent pas
grand'chose, ou qui sont au-dessus de leurs
moyens : quant aux cantatrices de concerts,
elles pourraient choisir des airs qui convinssent
à leur voix, mais la plupart d'entre elles ne
pensent, comme les musiciens, qu'à exécuter
des morceaux difficiles. Jamais madame F...
ne faisait une pareille faute : elle choisissait
avec goût et chantait avec âme.

Madame F... conserva, pendant environ dix-
huit mois, au même degré de perfection, les talents qu'elle avait acquis d'une manière si im-
prévue ; une autre cause, tout aussi extraordi-

naire, les lui fit perdre. Quelqu'un lui faisait compliment de la beauté de sa voix, et lui disait : « Vous ne vous êtes pas donné beaucoup de peine pour acquérir cette voix-là : c'est pourtant au magnétisme que vous la devez. » Alors, madame F..., blessée dans son amour-propre, répondit : « Ah ! je chantais bien avant d'être magnétisée. » Elle chantait comme une... meringue. Un jour, à table, avant qu'il ne fût question de magnétisme entre nous, elle chanta une chanson de huit mortels couplets, et avec quelle voix et quelle expression, grand Dieu ! il était impossible qu'elle se fît illusion à ce point là. Elle ne pensait sans doute pas ce qu'elle disait alors. Je me promis, dorénavant, en pareille circonstance, de faire constater d'avance et par écrit, l'étendue et la justesse de la voix de toute personne que je magnétiserais. La première idée qui me vint, fut de punir madame F... de son peu de reconnaissance en lui ôtant ce que je lui avais donné : il me semblait que j'en avais le pouvoir et le droit ; mais je réfléchis que la punition serait trop grande. Malgré cela, lorsque, par la suite, elle me demandait de la magnétiser, si je ne cherchais pas à lui ôter sa voix, je ne pouvais m'empêcher de lui dire mentalement : Tu mériterais bien que je t'otasse ce que je t'ai donné ; mais je me bornais à avoir seulement de l'indifférence, et à penser à tout autre chose. Néanmoins, au bout de deux ou trois semaines après le fait que je viens de rapporter, je m'aperçus que madame F... ne pouvait plus chanter certains airs qu'elle affectionnait, les quatre notes les plus élevées de sa voix ayant disparu ; bientôt celles qui lui restaient perdirent de leur justesse, et cela sans qu'aucune maladie des organes vocaux, ou tout autre maladie, pût expliquer un changement si subit. Je voulus faire une contre-épreuve, c'est à dire chercher à redonner de la voix à madame F...; elle recouvra deux des quatre notes qui avaient disparu ; les notes qu'elle avait conservées acquirent un peu plus de justesse, mais ensuite l'amélioration s'arrêta. D'ailleurs, j'avais contenté mon désir, qui n'allait pas jusqu'à lui redonner tout ce qu'elle avait perdu. Nos relations ayant cessé, j'ignore ce qu'est devenue la voix de madame F...

Il résulte des deux premières observations que je viens de rapporter, que certaines personnes, non seulement, comme cela arrive parfois aux somnambules naturels, acquièrent spontanément, ou par l'ordre de leur magnétiseur, une belle voix et le talent de s'en servir, mais encore peuvent conserver ces avantages à leur réveil. La troisième observation prouve que l'on obtient les mêmes effets par la magnétisation seule, sans faire passer par l'état de somnambulisme.

Depuis madame F..., je n'ai eu aucune occasion de renouveler mes expériences. J'ai bien rencontré des personnes sur lesquelles il me semblait que je réussirais, mais je ne m'intéressais pas assez à elles pour m'exposer à un refus. Après cela, à chacun son rôle dans ce monde ; peut-être ne dois-je que signaler ce fait nouveau, et qu'il est réservé à un autre d'en faire l'application. Puisse-t-il ne pas me faire dire comme le poète :

« *Sic vos non vobis nidificatis aves !* »

NOTES.

Note 1re, p. 1. « La première loi du calcul différentiel est : *Deux quantités qui ne diffèrent entre elles que d'une quantité indéfiniment plus petite, sont rigoureusement égales.* C'est sur cette loi, que les géomètres ont tant de peine à comprendre, que repose toute la question, question pour la solution de laquelle il faut, à la vérité, s'élever au-dessus de la niaise métaphysique de Condillac et de son grossier mécanisme des sensations. La plupart des mathématiciens modernes, regardant encore *la langue des calculs*, et d'autres inepties semblables, comme le plus sublime effort de l'intelligence, nous ne pouvons nous étonner que, malgré la publication faite en 1814, par M. Wronski, d'un ouvrage intitulé : *Philosophie de l'Infini*, et dans lequel la loi du calcul différentiel se trouve démontrée de la manière la plus rigoureuse, ces mathématiciens aient persisté dans leur savante prétention de bannir *l'infini* des mathématiques ; mais nous ne pouvons nous empêcher de déplorer la condition des jeunes gens auxquels on impose l'étude d'ouvrages qui ne se font remarquer que par l'absence totale d'idée philosophique » (*Dict. de Mathém. pures et appliquées*, de A.-S. de Montferrier, t. Ier, p. 452, 2e édit., 1845). Quel accord entre des gens qui se croient infaillibles !

Note 2, p. 8. Sans doute il y a peu d'hommes qui sachent raisonner également bien ; mais cela ne vient point de la fausseté du jugement, car ce serait une grande imperfection dans l'espèce humaine, si la raison ne lui avait été donnée que pour déraisonner ; mais de ce que généralement l'homme, dès son enfance, est imbu des préjugés que lui donnent, soit par ignorance, soit par calcul, pour l'abrutir, ceux qui sont chargés de son éducation ; ce qui le met dans l'impossibilité, lorsqu'il est arrivé à un âge plus avancé, d'avoir pour ainsi dire une opinion qui lui appartienne. Aussi, dans notre malheureuse espèce, n'y a-t-il que ceux qui veulent se rendre raison de ce qu'ils doivent croire, et qui ont assez d'indépendance de caractère pour se dépouiller de tous leurs préjugés d'enfance, qui puissent se considérer véritablement comme des êtres sachant raisonner.

A juger de l'espèce humaine d'après ce que l'histoire nous en apprend, il semble qu'en général elle ne soit pas susceptible de beaucoup d'amélioration ; ce qui a fait dire, je crois, à un médecin célèbre de notre temps, que s'il n'y avait pas, dans les sphères célestes, des êtres qui valussent mieux que nous, l'Être suprême n'aurait guère à s'applaudir du chef-d'œuvre de la création. Sans aller dans les sphères célestes, l'on pourrait, sans doute, obtenir sur la terre ce que ce médecin regrettait de ne pas y trouver; car l'état de dégradation dans lequel l'espèce humaine est tombée, depuis les temps historiques, n'est pas un état normal (1); il vient de causes accidentelles que l'on pourrait, en grande partie, parvenir à faire disparaître. Il suffirait pour cela d'employer, sur l'espèce humaine, les moyens d'amélioration dont on se sert

---

(1) De même que l'homme est plus susceptible de se perfectionner que les animaux, de même aussi peut-il se dégrader davantage. Par exemple, c'est un animal chanteur comme certains oiseaux : chez ceux-ci chaque individu de même espèce chante également bien ; entre rossignol et rossignol, fauvette et fauvette, etc., il y a peu de différence pour l'étendue et la justesse de la voix. Dans l'espèce humaine, au contraire, c'est tout autre chose : ceux qui chantent bien sont en si petit nombre qu'ils font exception à la règle; de sorte qu'on dirait que l'homme a reçu le don du chant à condition de ne pouvoir s'en servir. Cette supposition est inadmissible. A peine les oiseaux chanteurs sont-ils développés qu'ils possèdent la beauté de la voix qui est naturelle à leur espèce; et la créature la plus relevée du règne animal ne pourrait parvenir au même résultat que par exception et après de longues études! Que l'on ne me dise pas que l'homme sauvage prouve que telle est la condition infligée à l'espèce humaine : alors l'homme sauvage est un être dégradé. L'être primitif, tel qu'il est sorti des mains de la nature, a dû avoir l'entier usage des facultés dont elle l'avait doué ; alors ses instincts étaient aussi nombreux et énergiques que ceux qui se développent chez la plupart des somnambules spontanés ou magnétiques, comme l'instinct des aliments, celui des poisons, la prévision, le don du chant, etc.

4.

relativement à certaines espèces de nos animaux domestiques, comme les chevaux, par exemple, aux
quels, par le croisement et une éducation appropriée,
on parvient à donner toutes les qualités physiques
et morales qu'ils sont susceptibles d'acquérir. Mais,
pour arriver à un pareil résultat , on ne s'avise pas
d'accoupler ces animaux quand ils ne sont pas encore
formés ou qu'ils sont trop avancés en âge ; on n'unit
pas une vieille jument avec un jeune étalon, *et vice
versà ;* ce n'est que dans l'espèce humaine que l'on
voit de pareils accouplements. Ce n'est que dans
notre espèce que l'on unit un dartreux et une épileptique, une idiote et un scrofuleux, dont les produits
sont plus viciés encore qu'ils ne le sont eux-mêmes ; et
qu'on ne dise pas que la loi qui mettrait un terme à
ces abus de la liberté illimitée, serait attentatoire à la
dignité humaine. On ne vous force pas de prendre une
femme qui ne vous convient pas, mais on vous défend
d'en avoir une qui soit gâtée au physique ou au moral.
Est-ce que la police ne fait pas quelque chose de semblable, relativement aux comestibles? Ne défend-elle
pas la vente des viandes corrompues ? Pourtant, ces aliments ne nuisent guère qu'à ceux qui s'en nourrissent ;
tandis que vous, par les alliances que vous suggère si
souvent l'intérêt ou le libertinage, vous empoisonnez
les générations à venir. Quel spectacle de voir un
phthisique, comme le rapporte Tissot, avoir quatorze
enfants qui meurent tous de la maladie qu'il leur a
transmise avec la vie ; ou un homme disposé au sui-
cide, dont les descendants se donnent la mort au
même âge que l'auteur de leurs jours, par le fer, le

feu ou le poison. S'il y a quelque chose de déshono-
rant pour l'espèce humaine, c'est plutôt que de pareils
faits puissent avoir lieu avec impunité.

Note 3, page 8. « Par quel mystère s'opère la
réunion des cœurs? On sent le travail commencer en
nous; un regard, une main qui touche la vôtre, un
mot enfin ! et souvent votre sort est décidé ; vous
aimerez ou vous serez aimé ! La vertu n'a rien à faire
ici ; la volonté non plus. Ce n'est pas elle qui décide,
pas plus que la raison. C'est une espèce de maladie,
qui vous prend, vous domine, et n'a souvent pour
cause qu'une émanation de vos nerfs projetée par les
yeux ou exhalée par la peau. On ne peut s'en défaire
qu'en fuyant, qu'en changeant de lieu promptement.
Quelques hommes et quelques femmes ont ce triste
privilége d'inoculer des passions fiévreuses, et la
durée de leurs enchantements ne peut être calculée.....
« J'ai connu, dans ma vie, des hommes supérieurs
qui étaient les jouets de femmes indignes, et qui ne
pouvaient se soustraire à cette domination qui les
abrutissait. D'autres hommes, bien inférieurs, domi-
naient des femmes d'un esprit élevé, et les tenaient
ainsi dans un honteux esclavage. Il n'est que trop vrai
que certains êtres exercent une action malfaisante sur
ce qui les entoure ; il en est d'autres qui ont des propriétés contraires. Les somnambules savent très-bien
les distinguer, les malades aussi parfois. » (*Manuel de
l'Etudiant magnétiseur*, par Dupotet, p. 216). Et
lorsque ces êtres connaissent le pouvoir qu'ils possèdent, ils font comme les magnétiseurs, ils agissent

avec intention, ce qui augmente considérablement leur puissance.

Note 4, page 9. « Aliquando, refert Delrius, demonem efficere ut cum ardentissimo vir e femina mutuo amore flagrent, quando veneri vacare volunt, subito odio exardescant ita ut alter alterum cædat vel unguibus laceret. » Ce fait est si extraordinaire qu'il semble avoir été inventé à plaisir, et pourtant celui que je vais rapporter prouve, qu'avec quelques modifications, il serait possible de le reproduire. Supposons deux personnes de sexe différent, couchées dans le même lit, que l'une agisse magnétiquement sur l'autre sans l'en avertir : si celle-ci est sensible à l'action qu'on exerce sur elle, il suffira de lui appliquer les mains sur le corps, sans même faire aucune passe, pour qu'elle éprouve de l'oppression, de l'effroi, qu'elle sorte du lit pour ouvrir les fenêtres, ou s'appliquer sur le front et les tempes un linge imbibé d'eau froide, afin de reprendre ses sens. Si alors on la retenait, nul doute qu'elle n'employât la force pour se degager.

Je racontais dernièrement le fait cité par Delrio à une dame qui s'occupe de magnétisme : elle ne voulut pas y croire ; et comme, pour la convaincre, je lui faisais la supposition que je viens de rapporter, elle me dit : « Oh ! ce n'est pas possible..... à moins que vous n'ayiez fait caca dans le lit.» — « Allons, moquez-vous donc de ce que vous ne connaissez pas ? N'avez-vous pas vu nombre de fois, dans les séances de la société du mesmérisme, des personnes, magnétisées pour la première fois, éprouver de l'oppression, de la suffocation, se mettre à sangloter, et, tout effrayées, se lever de leur chaise pour fuir le magnétiseur ? Hé bien ! que la personne magnétisée soit assise ou couchée, le résultat est le même ; et si on agit sur elle sans l'en avertir, elle s'effraiera davantage, parce qu'elle ne saura à quoi attribuer ce qu'elle éprouvera. Les magnétiseurs sont vraiment étonnants : ils se plaignent des savants qui ne veulent pas les croire, et qui les tournent en ridicule ; et quand on leur présente un fait magnétique qui n'est pas encore venu à leur connaissance, ils sont tout aussi incrédules et moqueurs que les savants eux-mêmes. »

Note 5, page 10. Il serait fort utile de s'assurer d'avance s'il y a antipathie entre deux êtres qui veulent s'unir par les liens du mariage. Pour se décider à subir ce joug redoutable, l'on désire ordinairement, dans la personne à laquelle on veut s'unir, la beauté du corps et de l'esprit, l'élégance des manières, la douceur de la voix, etc.., car on est généralement attiré par ces appas trop souvent trompeurs. Dans des pays que nous croyons bien arriérés, l'on est plus avancé que nous sur ce point ; ainsi, « dans le royaume d'Arracan, disent les voyageurs, lorsque le souverain veut choisir une nouvelle femme ou une maîtresse, on en instruit les chefs des divers cantons. Chacun d'eux envoie à la cour six belles filles de seize ans ; ces jeunes beautés paraissent à un jour déterminé, vêtues d'une grosse robe de coton ; elles dansent à l'ardeur d'un soleil brûlant, jusqu'à ce qu'une sueur abondante ait inondé leurs corps et pénétré leurs vêtements. Aussitôt toutes les robes sont portées au roi ; il les sent l'une après l'autre, et c'est d'après la sensation qu'il éprouve, qu'il choisit l'objet de ses vœux. » (*De la Philosophie corpusculaire*, par Dellandine, p. 42, in-8°, 1785.)

Une aventure singulière, arrivée à Henri III, roi de France, semblerait justifier l'utilité de cette coutume : « Le mariage du prince de Condé avec Marie de Clèves se célébra, au Louvre, le 13 août 1572. Marie de Clèves, âgée de seize ans, de la figure la plus charmante, après avoir dansé assez longtemps, et se trouvant un peu incommodée de la chaleur du bal, passa dans une garderobe, où une des femmes de la reine-mère, voyant sa chemise toute trempée, lui en fit prendre une autre. Il n'y avait qu'un moment qu'elle était sortie de cette garderobe, quand le duc d'Anjou (depuis Henri III), qui avait aussi dansé, y entra pour raccommoder sa chevelure, et s'essuya le visage avec le premier linge qu'il trouva. C'était la chemise qu'elle venait de quitter. En rentrant dans le bal, il jeta les yeux sur Marie de Clèves, la regarda avec autant de surprise que s'il ne l'eût jamais vue ; son émotion, son trouble, ses transports et tous les empressements qu'il commença de lui marquer étaient d'autant plus étonnants que depuis six jours qu'elle était à la cour, il avait paru assez indifférent pour ces mêmes charmes, qui, dans ce moment, faisaient sur son âme une impression si vive. Sa passion le rendit insensible à toute autre ; elle dura jusqu'à la mort de cette princesse, qu'il pleura amèrement, et dont son ardeur pour elle fit le malheur. »

Note 6, page 16. C'était peu loyal, de la part de

Mesmer, de donner, sous son nom, des propositions qui ne lui appartenaient pas. En vain Thouret lui prouve que ses vingt-sept propositions sur le magnétisme ont été prises dans Paracelse, Van-Helmont, Maxwel, etc., il n'en tient aucun compte, et n'en continue pas moins à se donner pour l'inventeur du magnétisme. D'un caractère peu sociable, il se plaignait de tout le monde. Pourtant il ne devait pas être mécontent de la manière dont il était reçu à Paris ; les personnes les plus distinguées, par leur rang, leur fortune, accouraient à son traitement ; la reine elle-même lui faisait offrir, par un ministre, une pension viagère de vingt mille francs et un emplacement de dix mille francs par an, pour qu'il reçût des élèves à qui il ferait connaître son secret. Monsieur refuse ; il lui fallait *une récompense nationale digne de la grandeur de la France !* On n'a pas cherché la cause de ce refus extraordinaire. Doppet, un des signataires de la souscription mesmérienne, a donné le mot de cette énigme en disant : « Ceux qui connaissent le secret de Mesmer en doutent plus que ceux qui l'ignorent. » En effet, Mesmer n'avait pas de secret ; il possédait une théorie ridicule des phénomènes qu'il produisait ; et lorsqu'on aurait vu qu'il n'avait rien à apprendre de nouveau à ses élèves, on lui aurait à coup sûr retiré sa pension et son château. Aussi, lorsque ses partisans proposèrent de réunir cent personnes qui souscriraient chacune 2,400 francs en sa faveur, afin qu'elles fussent initiées à la connaissance du magnétisme, il exigea que celles qui s'étaient déjà inscrites, quoique elles tinssent toutes un rang distingué dans la société payassent, non seulement d'avance leur cotisation, mais s'engageassent, si elles ne pouvaient atteindre au nombre de cent, d'ajouter ce qui serait nécessaire pour compléter la somme totale de 240,000 fr., à laquelle devait monter cette souscription. Elle alla plus haut qu'on ne le pensait ; elle fut de 300,000 fr. Malgré cela, Mesmer n'était pas content ; il voulait faire défendre à ses élèves, par autorité de justice, de publier ce qu'il leur avait appris, afin de pouvoir revendre son secret en Angleterre. Voilà l'homme dont les sociétés magnétiques de nos jours s'empressent de célébrer l'anniversaire, non comme propagateur, mais comme véritable inventeur du magnétisme animal : homme d'un génie universel dont on ne saurait assez vanter l'humanité et le désintéressement. Il est vrai que, Mesmer étant mort, on ne craint pas de concurrence de sa part, et l'on peut le louer sans inconvénient ; cela donne même un air de reconnaissance, qui ne fait pas mal aux yeux des membres des sociétés magnétiques, braves gens d'ailleurs, la plupart d'une crédulité extrême, et qui seraient capables d'applaudir la peste, si on en faisait l'éloge devant eux. En attendant, ils portent des toasts à la mort. (Voyez l'*Union Magnétique*, numéro du 6 juin 1854, p. 195 et 196).

Note 7, page 17. « Notre misérable espèce est tellement faite, dit Voltaire, que ceux qui marchent dans le chemin battu jettent toujours des pierres à ceux qui enseignent un chemin nouveau. » De la part de la multitude, cela se conçoit : toute idée nouvelle qui choque ses préjugés, ses habitudes, lui parait absurde, ridicule ; il semble cependant que les savants devraient être à l'abri de cette infirmité humaine ; mais comme le dit Hénin de Cuvillers, *Archives du Magnétisme animal*, tom. II, p. 81, in-8°, 1820, « toutes les fois qu'il s'agit d'une vérité qui sort du cercle des idées reçues, les savants sont les hommes les moins bien disposés pour la juger sainement. Une nouvelle vérité en portant la lumière dans quelque partie de nos connaissances, substitue la réalité à nos illusions, et nous montre les objets dans la nature autrement que nous les avions imaginés dans nos systèmes. Or il en coûte toujours beaucoup pour se défaire d'opinions anciennement adoptées ; et comme l'habitude a plus d'empire sur nous que la raison, une erreur à laquelle nous sommes accoutumés, nous séduit toujours davantage qu'une vérité que nous apercevons pour la première fois. Les hommes qui se sont beaucoup occupés de science, ayant plus longtemps travaillé leurs idées, doivent avoir des habitudes de voir et de penser plus difficiles à détruire que celles des autres hommes, et ils ne reçoivent la vérité qu'on leur présente qu'autant qu'ils peuvent la faire entrer dans le cadre de leurs idées antérieures. L'histoire de toutes les découvertes pourrait nous offrir la preuve de cette vérité. Qu'on jette les yeux sur les siècles passés, et on verra que les obstacles opposés de tout temps aux nouvelles vérités sont venus des hommes les plus distingués. »

Mais il y a une autre raison de ce fait plus puissante encore, et que Leibnitz (tome 6, p. 245 de ses Œuvres complètes, édit. de Dutens) a fait connaître : « Cela

vient, dit-il, de ce que les hommes n'étudient ordinairement que par ambition et par intérêt. » Aussi, leur
présentez-vous quelque idée nouvelle, leur premier
mouvement est de la rejeter ; en vain, pour la découvrir, aurez-vous consumé jeunesse, santé, fortune, ils
ne vous en sauront aucun gré ; généralement, vous ne
trouverez en eux que des êtres sans justice, sans humanité, qui, avec une froide cruauté, comme des for-
bans vers lesquels de malheureux naufragés tendent
leurs mains suppliantes, vous repousseront dans l'abîme
à coups d'avirons.

Il semble que la presse soit un moyen suffisant de
publicité pour quiconque veut l'employer. «En général,
les personnes, animées de bons sentiments, supposent
qu'il suffit de faire imprimer les projets qu'elles croient
utiles, pour que la presse s'en empare, et les mette en
lumière, soit par une critique raisonnée, soit par une
adhésion motivée. Nous ne pouvons nous exprimer fran-
chement à cet égard dans un journal : il faudrait une
brochure, mais la conspiration du silence l'étoufferait
comme les autres. Nous dirons seulement qu'il n'y a
pas de publicité pour les choses d'intérêt public, parce
que ce qui n'intéresse que tout le monde, n'intéresse
personne. » (Jobard et Moigno, article sur l'Exposition
des produits de l'Industrie, journal *La Presse*, juin,
1849).

Les hommes de talent ou de génie qui ont été persécutés par leurs contemporains, sont en trop grand
nombre pour que je puisse les nommer tous ; je n'en
citerai que quelques-uns : « 1° Homère, le prince des
poètes, meurt de faim ; Hésiode, après avoir décrit les

quatre âges fameux, dit : « Je suis dans le cinquième, « et je voudrais n'être pas né. » Que d'hommes accablés par l'envie, le fanatisme et par la tyrannie, en ont dit autant depuis Hésiode ! » (*Dictionnaire Philosophique*, par Voltaire, article *Épopée*).

« Malgré toutes ses connaissances, Milton vivait ignoré, et lorsqu'il eut achevé son *Paradis Perdu*, il eut beaucoup de peine à trouver un libraire qui voulût l'imprimer. Thompson lui donna trente pistoles de son manuscrit, encore avait-il si peur de faire un mauvais marché, qu'il stipula que la moitié des trente pistoles ne serait payable qu'en cas qu'on fît une seconde édition du poëme, édition que Milton n'eut pas la consolation de voir, et qui fut suivie de tant d'autres. Camoëns, le célèbre auteur de *la Lusiade*, mourut à l'hôpital. Cervantes Saavedra (Michel de), célèbre écrivain espagnol, méconnu par ses contemporains, mourut accablé d'infirmités et de misère.» (*Mélanges historiques*, par Voltaire). Le fameux académicien Vaugelas laissa son corps aux chirurgiens, à la charge par eux de payer ses dettes.

« Souvenez-vous comment l'auteur de *Cinna*, qui avait appris à la nation à penser et à s'exprimer, fut traité par Claveret, par Chapelain, par Scudéri, gouverneur de Notre-Dame-de-la-Garde, et par l'abbé d'Aubignac, prédicateur du roi. Songez que le prédicateur, auteur de la plus mauvaise tragédie de ce temps, et, qui pis est, d'une tragédie en prose, appelle Corneille, *Mascarille*; il n'est fait, selon le prédicateur, que pour vivre avec les portiers de comédie : Corneille *piaille toujours, ricane toujours, et ne fait rien qui vaille.* Ce sont là les honneurs qu'on rendait à celui qui avait tiré la France de la barbarie; il était réduit, pour vivre, à recevoir une pension du cardinal de Richelieu, qu'il nomme son maître; il était forcé de rechercher la protection de Montauron, de lui dédier *Cinna*, de comparer, dans son épître dédicatoire, Montauron à Auguste, et Montauron avait la préférence.

« Jean Racine, égal à Virgile pour l'harmonie et la beauté du langage, supérieur à Euripide et à Sophocle, Racine, le poète du cœur, et d'autant plus sublime qu'il ne l'est que quand il faut l'être; Racine le seul poète tragique de son temps dont le génie ait été conduit par le goût; Racine, le premier homme du siècle de Louis XIV dans les beaux-arts, et la gloire éternelle de la France, a-t-il essuyé moins de dégoût et d'opprobre? Tous ses chefs-d'œuvre ne furent-ils pas parodiés à la farce dite *italienne?* Visé, l'auteur du *Mercure galant*, ne se déchaîna-t-il pas toujours contre lui? Subligni ne prétendit-il pas le tourner en ridicule (1)? Vingt cabales ne s'élevaient-elles pas contre tous ses ouvrages? N'eut-il pas toujours des ennemis, jusqu'à ce qu'enfin le jésuite Lachaise le rendît suspect de jansénisme auprès du roi, et le fit mourir de chagrin. » (*Mélanges historiques*, par Voltaire).

« Voyez avec quel acharnement Bossuet, J.-J. Rousseau attaquent Molière, à propos de ses comédies en

---

(1) Et un littérateur moderne n'a-t-il pas eu le toupet de dire que Racine est une perruque? Il ne se doute pas que cette perruque-là vaut cent chevelures comme la sienne.

général ; ce que dit Bourdaloue du *Misanthrope*, et Féné-
lon des *Précieuses ridicules*. Fénelon, parlant à l'Académie, laquelle applaudissait de ce hochement de tête qui
n'empêche pas de dormir, disait hardiment que l'auteur
du *Misanthrope*, de *Tartuffe* et des *Femmes savantes*, ne
savait pas écrire en vers. En attendant, l'homme que la
critique du XVIIe et du XVIIIe siècles, que les hommes
d'église et les philosophes, que Bossuet et J.-J. Rous-
seau traitaient d'hérétique, de corrupteur, d'homme
abominable, qui, selon Fénelon, *ne savait pas écrire en
vers*, cet homme est, au XIXe siècle, un grand moraliste,
un sévère châtieur de mœurs, un inimitable écrivain.
Il y a plus, des hommes qui écrivent, à leur tour, des
lettres au descendant de Louis XIV, pour qu'il empêche
les hérétiques, les corrupteurs, les hommes abomina-
bles du XIXe siècle d'être joués, s'agenouillent devant
l'illustre mort ; ils vont chercher dans ses œuvres les
moindres intentions qu'il a eues ou qu'il n'a pas eues ;
ils s'enquièrent de ce qui a pu, par un de ces hasards
que le génie rencontre seul, lui donner telle ou telle
idée ; ils font même de profondes recherches et sur
l'homme qui a fourni le type du *Tartuffe*, et sur la circonstance qui lui a donné ce nom de Tartuffe, si bien
approprié au personnage qu'il est devenu non seulement un nom d'*homme*, mais encore un nom d'*hommes*.»
(*Mémoires* d'Al. Dumas, feuilleton de la *Presse*, 12 octobre 1853) (1)

---

(1) L'Académie française, qui n'avait pas voulu de Molière quand il

« Si le génie prodigua ses dons à Dumarsais, grammairien et philosophe, la fortune fut avare envers lui. Sa vie n'offre qu'un long tissu de peines, de chagrins domestiques, d'espoirs déçus aussitôt que formés. Ses contemporains le méconnurent ; son plus bel ouvrage resta trente ans dans les magasins d'un libraire, et ce ne fut qu'un demi siècle après sa mort qu'une compagnie savante daigna jeter quelques fleurs sur sa tombe.

« Girard ne fut guère plus heureux que Dumarsais, puisque ce ne fut que vingt-six ans après la publication de son livre, que l'Académie lui ouvrit ses portes. (*Biographie univ. anc et mod.*). » Malfilâtre finit ses jours à l'Hôtel-Dieu, ainsi que Gilbert qui, à ses derniers moments, exhala sa douleur dans ces vers si touchants.

---

vivait, a fait mettre, après sa mort, son buste dans la salle de ses séances avec cette inscription :

« Rien ne manque à sa gloire, il manquait à la nôtre.

Dans ces dernières années, sa statue a été placée au-dessus d'une fontaine, pour être livrée à l'admiration des porteurs d'eau. S'il eût été membre de la confrérie de ces Messieurs, cela se concevrait : mais Molière ! Est-il possible de commettre une pareille bévue au XIXe siècle, dans la capitale de la France ! Et quelle raison donnent-ils pour excuse ? C'est que Molière demeura t près de là. Mais s'il eût demeuré à la voirie de Montfaucon, ils y auraient donc mis sa statue ? En général, il y a fort peu de goût en France. Voyez la fontaine des Innocents, elle est placée dans un endroit où l'on ne peut aller l'admirer sans s'exposer à recevoir quelque projectile de la localité. Et l'obélisque de Louqsor ! ne ressemble-t-il pas, vu de la grande allée des Tuileries, à une cheminée d'usine, masquant l'Arc-de-Triomphe de l'Etoile ? Ah ! pauvres Welches que nous sommes !

« Au banquet de la vie, infortuné convive,

« J'apparus un jour, et je meurs ;

« Je meurs…, et sur ma tombe, où lentement j'arrive,

« Nul ne viendra verser de pleurs. »

2° — « Aristote, resté en butte à la calomnie et aux attaques de ses envieux, après la mort d'Alexandre, sortit d'Athènes sans attendre le jugement ; voulant, disait-il, épargner aux Athéniens, déja coupables de la condamnation de Socrate, un nouvel attentat contre la philosophie (Bouillet). »

Roger Bacon, célèbre moine anglais, passa dans les cachots une grande partie de sa longue vie. Ses ignorants confrères, jaloux de son mérite, et irrités d'ailleurs contre lui, parce qu'il avait censuré les mœurs dissolues du clergé, l'accusèrent de sorcellerie, quoiqu'il eût écrit lui-même contre la magie, et le firent condamner à la prison.

« Le célèbre Ramus, ayant publié deux ouvrages dans lesquels il combattait la doctrine d'Aristote, enseignée par l'Université, aurait été immolé à la fureur de ses ignorants rivaux, si le roi François Ier n'eût évoqué à soi le procès qui pendait au Parlement de Paris entre Ramus et Antoine Govea. L'un des principaux griefs contre Ramus était la manière dont il faisait prononcer la lettre Q à ses élèves. » (*Dict. phil.*, art. Université, par Voltaire).

« Un tel homme, Césalpin, n'est pas de ceux que son siècle comprend, mais de ceux qu'il persécute. Sans la protection d'un pape éclairé, Clément VIII, Césalpin eût peut-être terminé sa vie comme Galilée. La postérité a-t-elle du moins réparé envers lui l'inévitable injustice de ses contemporains? Il est triste d'avoir à le dire : sa glorieuse mémoire a attendu plus de deux siècles de dignes hommages ; et aujourd'hui encore, combien, parmi les savants eux-mêmes, ignorent ce que fut Césalpin ! Il est des histoires récentes des sciences naturelles où Césalpin reste confondu dans la foule des observateurs ; il est des histoires de la physiologie où ce grand nom est omis ! » (*Mon. univ.*, 15 mars 1854, Isidore Geoffroy-Saint-Hilaire).

La découverte de la circulation du sang fit perdre à Harvey tous ses malades ; et il la démontra pendant trente ans sans pouvoir y faire croire. « Mais, chose digne de remarque pour qui veut étudier l'esprit humain, le grand Harvey, qui savait ce qu'il en coûte pour faire accepter une vérité nouvelle, le grand Harvey, qui redoutait peut-être que la découverte d'Aselli ne portât quelque préjudice à la théorie, enfin acceptée, du mouvement circulaire du sang, nia l'existence des vaisseaux lactés, qu'il regardait comme un rouage inutile, les veines devant suffire à opérer l'absorption dans le tube digestif ; et, dans l'opposition qu'il fit à la nouvelle découverte, Harvey marcha de concert avec ses plus ardents détracteurs. » (Bérard, *Cours de Physiologie*, t. II, p. 564, in-8°, 1849).

« On sait l'immense succès qu'obtint le *Systema naturæ*... Plusieurs voix s'élevèrent contre un livre trop nouveau pour être compris de tous, contre une réforme trop fondamentale pour être acceptée sans résistance. Haller, en Allemagne, et pourquoi faut-il le dire? Buffon en France, protestèrent contre des vues trop différentes des leurs. » (I. G. St-Hilaire, *Mon. univ.*, 17 mars 1854).

« Buffon, avec un dédain superbe, commença le premier à attaquer Linné sur ses méthodes artificielles, et même, lorsqu'il en fut venu à reconnaître par expérience la nécessité des classifications, il ne lui rendit jamais pleine et entière justice...

« Buffon ne consentit jamais, nous dit Blainville, à laisser entrer dans le Jardin de Botanique la méthode et la nomenclature de Linné, enseignes déployées ; il permit seulement d'inscrire les noms donnés par Linné, mais à condition (chose incroyable si le génie n'était humain !) qu'ils seraient en dessous de la tablette qui sert à étiqueter les plantes.

« Buffon, à ses débuts, ne fut pas plus juste pour Réaumur que pour Linné. Réaumur tenait, en France, le sceptre de l'Histoire naturelle quand Buffon parut, et, pour le lui mieux enlever, celui-ci prit plaisir à le combattre, à le harceler même, et à le diminuer peu à peu dans l'opinion publique. » (Sainte-Beuve, *Mon. univ.*, 11 avril 1854).

« Un des philosophes les plus persécutés fut l'immortel Bayle, l'honneur de la nature humaine. On me dira que le nom de Jurieu, son calomniateur et son persécuteur, est devenu exécrable, je l'avoue ; celui du jésuite Letellier l'est devenu aussi ; mais de grands hommes qu'il opprimait en ont-ils moins fini leurs jours dans l'exil et dans la disette ?

« Un des prétextes dont on se servit pour accabler Bayle et pour le réduire à la pauvreté, fut son article *David* dans son utile Dictionnaire. On lui reprochait de n'avoir point donné de louanges à des actions qui en elles-mêmes sont injustes, sanguinaires, atroces, ou contraires à la bonne foi, ou qui font rougir la pudeur.

« Cependant Bayle fut persécuté, et par qui? Par des hommes persécutés ailleurs, par des fugitifs qu'on aurait livrés aux flammes dans leur patrie; et ces fugitifs étaient combattus par d'autres fugitifs appelés *Jansénistes*, chassés de leur pays par les Jésuites, qui ont enfin été chassés à leur tour...

« On ne sait pas assez que Fontenelle, en 1713, fut sur le point de perdre ses pensions, sa place et sa liberté, pour avoir rédigé en France, vingt ans auparavant, le *Traité des Oracles* du savant Van-Dale, dont il avait retranché avec précaution tout ce qui pouvait alarmer le fanatisme. Un jésuite avait écrit contre Fontenelle ; il n'avait pas daigné répondre ; et c'en fut assez pour que le jésuite Letellier, confesseur de Louis XIV, accusât auprès du roi Fontenelle d'athéisme. » (*Dict. phil.*, de Voltaire, t. VI, p. 203.)

3° — Jamais artiste n'a eu plus de dédain et d'humiliation de son pays que Beethoven.

« Tout le monde sait que la *Vestale* (opéra de Spontini) a été représentée pour la première fois le 15 décembre 1807; que sans la bonté infatigable de l'impératrice Joséphine, qui prit sous sa protection l'ouvrage et l'auteur, sans la volonté expresse de Napoléon, Spontini ne serait jamais venu à bout des obstacles, des tracasseries de toutes sortes, des fins de non recevoir qu'on lui opposait. L'exécution de la *Vestale* avait été déclarée *impossible*. A Paris, la *Vestale* eut trois cents représentations. » (A. Derovray, *Mon. univ.*, 19 mars 1854.)

« Ce M. Rossini aura beau faire, il ne sera jamais

qu'un petit discoureur en musique. Signé Berton. »
(*Chronique musicale*, par Ern. Rayer, *Atheneum franç.*,
13 nov. 1582.)

« Personne n'a subi plus cruellement que Donizetti
toutes les tortures qui s'attachent à l'existence des
hommes supérieurs. Quel compositeur a été, parmi
nous, plus vivement discuté ? A quel nom la critique
a-t-elle prodigué plus d'attaques ? Donizetti avait beau
prodiguer les prodiges de son inépuisable imagination
et de sa verve merveilleuse ; il avait beau répondre par
de nouveaux chefs-d'œuvre aux attaques systématiques
de ses détracteurs, il se rencontrait toujours des voix
sceptiques et railleuses pour nier la valeur de ses plus
grandes conceptions. » (Escudier, feuilleton du *Pays*,
28 décembre 1853.)

4° — « Le système de Copernic fut taxé de rêverie
et d'absurdité, et lui-même fut, comme Socrate, livré
aux huées de la multitude ignorante dans une pièce de
théâtre. » (De Montferrier, *Dict. des Scienc. math.*, art.
Copernic.)

« Ce n'est qu'en 1821 que le gouvernement papal
a permis d'écrire en faveur de Copernic. » (*Revue en-
cyclopédique*, septembre 1821, page 643).

Képler est mort de misère et de chagrin ; les trois
lois qui portent son nom, « ses titres aujourd'hui irré-
cusables à l'immortalité, n'ont pas valu à leur auteur
un seul éloge de ses contemporains, pas même de Galilée. » (*Le Cosmos* d'Alex. de Humboldt, t. III, p. 67,
in-8°, 1851, trad. de Faye.)

« La nouveauté et la beauté des premières expériences de Galilée, sur le mouvement uniformément

accéléré, faites devant un immense concours de spectateurs, excitèrent un enthousiasme extrême, mais
elles aigrirent en même temps l'animosité des partisans de l'ancienne philosophie, qui, voyant par-là toute
leur science attaquée, cherchèrent à perdre le novateur
dans l'esprit des personnes les plus puissantes, et firent
naître contre lui mille persécutions; tellement que,
pour s'y soustraire, il se vit obligé, en 1592, de quitter
la chaire de Pise. »

« La doctrine de Copernic, que soutenait Galilée, fut
représentée comme contraire à l'écriture, et dénoncée
au saint-siége. Il fut cité à Rome en personne, et con-
traint de venir s'y défendre. L'assemblée de théologiens nommée par le pape porta la déclaration suivante : Soutenir que le soleil est placé immobile, au
centre du monde, est une opinion absurde, fausse en
philosophie, et formellement hérétique, parce qu'elle
est expressément contraire aux Ecritures ; soutenir que
la terre n'est point placée au centre du monde, qu'elle
n'est pas immobile, et qu'elle a même un mouvement
journalier de rotation, c'est aussi une proposition absurde, fausse en philosophie et au moins erronée dans
la foi. On lui fit personnellement défense de professer
désormais l'opinion qui venait d'être condamnée......

« Seize ans plus tard, il publia des Dialogues dans
lesquels il avait rassemblé toutes les preuves physiques
du mouvement de la terre et de la constitution des cieux.
L'on ne saurait se figurer la véritable fureur que cette
apparition excita parmi les théologiens de Rome, presque tous ardents péripatéticiens. Il fut assigné à compa-
raître devant le tribunal de l'inquisition, et il fut forcé

de prononcer au tribunal son abjuration qu'on lui dicta à peu près en ces termes : « Moi, Galilée, dans la soixante-« dixième année de mon âge, étant constitué prisonnier, « et à genoux devant vos éminences, ayant devant mes « yeux les saints Evangiles que je touche de mes pro-« pres mains... j'abjure, je maudis et je déteste l'erreur « et l'hérésie du mouvement de la terre, etc. » Cette expiation achevée, on prohiba ses Dialogues ; on le condamna à la prison pour un temps indéfini, et on lui ordonna, pour punition salutaire, de réciter une fois par semaine les sept Psaumes de la pénitence pendant trois ans. Telle fut la récompense d'un des plus grands génies qui ait jamais éclairé l'humanité. » (*Biographie universelle ancienne et moderne.*)

« Descartes crut longtemps qu'il était nécessaire de fuir les hommes, et surtout sa patrie, pour philosopher en liberté. Il avait raison : les hommes de son temps n'en savaient pas assez pour l'éclairer, et n'étaient guère capables que de lui nuire. Il quitta la France. parce qu'il cherchait la vérité qui était alors persécutée par la misérable philosophie de l'école ; mais il ne trouva pas plus de raison dans les universités de la Hollande, où il se retira ; car, dans le temps qu'on condamnait, en France, les seules propositions de sa philosophie qui fussent vraies, il fut persécuté par les prétendus philosophes de Hollande, qui ne l'entendaient pas mieux, et qui, voyant de plus près sa gloire, haïssaient davantage sa personne. Il fut obligé de sortir d'Utrecht ; il essuya l'accusation d'athéisme, dernière ressource des calomniateurs ; et lui, qui avait employé toute la sagacité de son esprit à chercher de nouvelles preuves de l'existence d'un Dieu, fut accusé de n'en point reconnaître. » (*Dictionnaire Philosophique* de Voltaire, tom, XXI, p. 91, in-8°, 1822).

Il se plaint d'avoir été cité au son de la cloche et par des affiches qui furent envoyées avec soin de tous côtés dans les provinces, comme s'il eût été un vagabond ou un fugitif qui aurait commis le plus grand et le plus odieux de tous les crimes. Vœtius avait déjà transigé avec le bourreau, afin qu'il fît un feu si grand, en brûlant les œuvres de Descartes, que la flamme en fût vue de loin. « Les cendres de Descartes furent rapportées à Paris, seize ans après sa mort. Lorsque les savants dans un temple rendaient à sa dépouille des honneurs qu'il n'obtint jamais pendant sa vie, et qu'un orateur se préparait à louer devant cette assemblée, le grand homme qu'elle regrettait, tout à coup il vint un ordre qui défendait de prononcer cet éloge funèbre. » (*Éloge de René Descartes* par Thomas).

Mais Descartes rendait-il plus de justice aux hommes de génie de son temps? Bailly lui reproche, dans son *Astronomie moderne*, tom. II, pag. 192, d'avoir longtemps séjourné en Allemagne sans chercher Képler, et d'être allé en Italie sans voir Galilée. On trouve dans Baillet que Pascal et lui ne furent pas fort curieux l'un de l'autre.

« Leibnitz a blâmé Descartes de n'avoir fait honneur ni à Képler, de la cause de la pesanteur tirée des forces centrifuges et de la découverte de l'égalité des angles d'incidence et de réflexion ; ni à Snellius, du rapport constant des sinus des angles d'incidence et de réfraction. Petits artifices, dit-il, qui lui ont fait perdre beau-

coup de véritable gloire auprès de ceux qui s'y connaissent. » (*Éloge de Leibnitz*, par Fontenelle.)

Mais Leibnitz, qui avait l'air de blâmer Descartes, ne
valait pas mieux que lui. « Le *Livre des Principes* avait
paru en 1687 : la véritable théorie des mouvements
célestes y était établie sur les lois de Képler, l'attraction démontrée, et toutes les conséquences de cette
grande loi calculées ou pressenties. Deux ans après,
en 1689, Leibnitz publie, dans les *Actes de Leipzig*, une
dissertation intitulée : *Tentamen de motuum cœlestium
causis*, dans laquelle il reprend précisément la question
des mouvements planétaires en les supposant produits
par la circulation d'un fluide, à peu près à la manière
des tourbillons de Descartes. Il établit, de même que
Newton, la théorie de ces mouvements sur les lois de
Képler, en déduit la loi de la force centrale et les principales propriétés des orbites, c'est-à-dire, tout ce qu'a-
vait déjà fait Newton d'une manière infiniment supérieure, et indépendamment d'aucune hypothèse, et
cela il l'expose sans rendre rien à Newton de la justice
qui lui était due, sans même le nommer autrement que
par hasard, à propos de la loi du carré de la distance,
dans cette phrase offensante par l'insouciance qu'elle
montre : « Je vois, dit-il, que cette proposition a été déjà
« connue du célèbre géomètre Isaac Newton, comme il
« paraît par la relation que l'on en a donnée dans les *Actes*
« *de Leipzig*, quoique je ne puisse pas juger, d'après cette
« relation, comment il y est parvenu. » Ainsi, l'immortel
ouvrage des *Principes* avait paru depuis deux ans, et
Leibnitz ne l'avait pas regardé ; il ne l'avait pas regardé,
même après que les découvertes inouïes qu'il offrait

pour la première fois au monde, avaient été annoncées dans les *Actes* auxquels Leibnitz renvoie. Et il assure n'en avoir jamais eu connaissance que par extrait. Sans doute, il faut le croire, car il serait trop désespérant, pour l'honneur de l'esprit humain, de supposer un si grand génie capable de la plus vile imposture. Mais alors il faut blâmer un dédain si aveugle ou une si condamnable insouciance. » (*Biographie universelle ancienne et moderne*, article LEIBNITZ, par Biot.)

En 1846, M. Leverrier découvrit la position de la planète Neptune au moyen des perturbations qu'elle produit dans la marche d'Uranus. M. Galle aperçut le premier cette planète en braquant sa lunette vers le champ du ciel qui lui avait été indiqué. Aussitôt deux journaux, *la Presse* et *le National*, attaquèrent M. Leverrier ; celui-ci répondit (Voy. *la Presse* du 25 septembre 1848) : «Il n'échappe à personne que les feuilletonistes de *la Presse* et du *National* ne sont que des instruments dont l'excuse se trouve dans ce proverbe : il faut que tout le monde vive... Chacun... prononcerait avec sévérité sur ces bravi de la plume qui voudraient assassiner traîtreusement un homme dans son honneur scientifique, sans lui permettre de se défendre. »

A l'Académie des sciences, séance du 11 avril 1848, M. Babinet s'écrie : « M. Leverrier ne peut persister à affirmer l'identité de sa planète théorique avec la planète Neptune de M. Galle, qu'autant qu'il pourra espérer de forcer l'esprit humain à rompre avec toutes les règles de la raison, de la logique et du bon sens. »

Un rédacteur de *la Presse* attaque à son tour M. Le-

verrier : « Il y a quatre mois environ, nous écrivions, dans *la Revue scientifique*, les lignes suivantes : « En-
« core un mot échappé à notre franchise : M. Leverrier
« n'a-t-il pas à craindre qu'on retourne contre lui les
« armes qu'il a si habilement aiguisées contre deux de
« ses collègues, MM. Mauvais et Laugier, et qu'on
« vienne lui disputer sa planète avec les arguments
« dont il s'est servi pour nier l'identité des comètes dé-
« couvertes par MM. de Vico, Faye et Brorsen avec la
« comète de Messier et autres ?

« N'est-il pas évident, en effet, qu'il y a moins de dif-
« férence entre les éléments des comètes que M. Lever-
« rier·sépare violemment, qu'entre sa planète théorique
« et la planète Neptune, découverte si à propos par
« M. Galle.

« On parle vaguement d'inclinaisons de l'orbite tout-
« à-fait incon·iliables, de distances à la terre par trop
« inégales, de masses différant du simple au double, etc.

« On dit même que la répétition d'un grand drame
« a eu lieu en secret, et que bientôt une voix intrépide
« proclamera, à la levée du rideau, que la planète hypo-
« thétique de M. Leverrier est encore cachée dans les
« profondeurs des cieux. »

« Nos prévisions se sont fatalement réalisées : dans la séance académique du 21 août dernier (1848), M. Babinet a brusquement déchiré le voile qui couvrait tant de regards fascinés, et prononcé ce terrible arrêt :
« L'identité de la planète Neptune avec la planète théo-
« rique, qui rend compte si admirablement des pertur-
« bations d'Uranus, d'après les travaux de MM. Lever-
« rier et Adams, mais surtout d'après ceux de l'astro-

« nome français, n'étant plus admise par personne
« depuis les énormes différences constatées entre l'astre
« réel et l'astre théorique quant à la masse, à la durée
« de la révolution, à la distance au soleil, à l'excentri-
« cité, et mêmeà la longitude (excepté pour l'époque de
« la découverte de M. Galle et des observations de
« M. Challis, ou très-peu d'années avant et après), on
« est conduit à chercher si les perturbations d'Uranus
« se prêteraient à l'indication d'un second corps pla-
« nétaire, dont l'action combinée avec celle de Neptune
« devrait produire les perturbations observées. »

« Quel coup de foudre ! Quel affreux réveil ! C'est
un savant consciencieux, dans lequel M. Leverrier es-
saierait en vain de montrer un rival jaloux de sa gloire,
qui, se faisant l'interprète de la conviction universelle,
vient dire froidement au monde entier, stupéfait de
l'énormité de son illusion : cette identité de la planète
Neptune avec la planète de M. Leverrier, qui a retenti
avec tant de fracas du nord au midi, de l'orient à l'oc-
cident, qui a mis les mondes en émoi, qui a donné un
si vif élan à la munificence des souverains, à la reconnaissance des académies de l'ancien et du nouveau
monde, à l'admiration des grands et des petits, des savants et des simples ; cette identité, le plus grand évé-
nement scientifique des temps anciens et modernes,
dont un marbre, devenu vivant, devra transmettre le
glorieux souvenir à la postérité la plus reculée, n'a été
qu'un rêve brillant, qu'un délire fantastique, qu'une
déception lamentable.

« Admise d'enthousiasme et avec fracas, cette identité est aujourd'hui fatalement niée, non plus par le

transport de nos imaginations exaltées et surprises, mais par l'arrêt sévère, irrécusable et imprescriptible des faits les plus certains. Acceptée par la multitude que la voix imposante des astronomes de l'Europe devait naturellement séduire et entraîner, elle sera rejetée par la multitude, aujourd'hui qu'un grand nombre d'observations authentiques dissipent toutes les illusions et prononcent en dernier ressort. » (L'abbé Moigno, dans le journal *la Presse*, juin 1849).

5° « Tout le monde sait combien est déplorable, en France, la condition des inventions et des inventeurs. L'histoire, et une expérience de tous les jours, sont là pour nous montrer les plus brillantes découvertes françaises étouffées sous mille fins désespérantes de non-recevoir, et les inventeurs les plus renommés condamnés à s'exiler tristement pour aller mendier au loin un appui qu'on leur refuse sans pitié. Les grands noms de l'industrie nationale sont presque tous des noms de victimes illustres. Qui de nous n'a gémi de l'exil, des infortunes et des spoliations qui ont frappé les Papin, les de Jouffroy, les Lebon, les Girard, les Brunel, les Jacquard, les Laurent. les Sauvage, etc. ? En France, toute invention a pour juges inévitables des académiciens, savants en théorie, mais moins habiles en pratique ; des ingénieurs moins exercés aux secrets des arts mécaniques ; des hommes encore dont l'avenir est fixé d'avance, que le progrès intéresse peu. et fatigue même quelquefois. (L'abbé Moigno, journal l'*E-poque*, 30 novembre 1845). »

« Aussi la société des inventeurs, présidée par les barons Taylor, Séguier et Pecqueur, a résolu, sur la proposition de M. Jobard, de former une liste des principales victimes de l'industrie, et de la publier sous le titre de *Martyrologe des Inventeurs.* » (Journal *la Presse*, Jobard et Moigno, 1849).

Cette note ne finirait pas si je parlais de tous ceux qui ont été persécutés pour avoir voulu éclairer leurs semblables ou leur être utiles. C'est à regret que je passe sous silence tous les rapports erronés faits par les sociétés savantes contre le quinquina, l'émétique, l'inoculation de la variole, la vaccine, etc., etc. ; mais je ne puis m'empêcher de dire un mot de l'Académie française. Cette assemblée est chargée de nommer aux places vacantes dans son sein ; elle doit choisir les plus dignes pour remplacer ceux que la mort lui enlève. Voyons comme elle s'est acquittée de sa tâche jusqu'à présent.

« Ni Descartes, ni Rotrou, ni Pascal, ni Molière, ni Ménage, ni Régnard, ni Larochefoucauld, ni Jean-Baptiste Rousseau, ni Mallebranche, ni Dufresny, ni Dancourt, ni Lesage, ni Dumarsais, ni Louis Racine, ni Vauvenargues, ni Piron, ni Jean-Jacques Rousseau, ni Diderot, ni Beaumarchais, ni Mirabeau, n'ont fait partie de l'Académie française. »

« Dans ce siècle, P.-L. Courrier, Benjamin-Constant, Foy, Millevoye, ne sont point entrés dans son sein. » (*Encyclopédie moderne*, Académie, par Léon Renier.)

Mais par compensation : « Elle a donné pour successeur au grand Corneille, le jeune duc du Maine, âgé de quatorze ans. Il fallut encore que le roi intervint pour refuser de ratifier cette élection. Plus tard, on fit offrir un fauteuil vacant au maréchal de Saxe, qui répondit à cette ouverture par une lettre remarquable par sa franchise et son orthographe toutes militaires. On en cite la phrase suivante . « *Ils veule me fere de la cadémie, cela miret come une bage a un chas.* » (Gustave Naquet, feuilleton de *la Réforme* du 17 mars 1849).

Le maréchal duc de Richelieu fut moins scrupuleux, il accepta, et ne sachant pas un mot d'orthographe, « dans le discours même qu'il fit pour sa réception, et qu'on conserve encore manuscrit, il écrit *reigne*, pour règne ; *seint*, pour sein ; *flambau*, pour flambeau ; *dérangassent*, pour dérangeassent ; *court*, pour cour ; *rendus*, pour rendu ; *accez*, pour accès ; *pront*, pour prompt ; *pris*, pour prix ; *crétien*, pour chrétien ; *antier*, pour entier, etc. Au moins il avait composé son discours. » (*Encyclopédiana.* 1 vol. in-4°, 1842).

Quant aux académiciens modernes, ils font comme leurs prédécesseurs, ils ont préféré MM. Vatout, Pasquier, de Noailles, à Balzac, à Alexandre Dumas et à Béranger. A la mort de celui-ci, ils ne manqueront pas de lui élever des statues comme à Molière. La postérité vengeresse devrait mettre pour inscription, sur le socle de ces statues, ces vers composés par Béranger lui-même :

> « Vils soldats de plomb que nous sommes,
> « Au cordeau nous alignant tous,
> « Si des rangs sortent quelques hommes,
> « Tous nous crions : A bas les fous !
> « On les persécute, en les tue,
> « Sauf, après un lent examen,
> « A leur dresser une statue
> « Pour la gloire du genre humain. »

Les faits que je viens de citer suffisent pour prouver aux esprits les plus prévenus que les corps savants « à qui, dit-on, appartient le droit de fixer les opinions et d'arrêter les croyances de la multitude sur la réalité des grandes découvertes, » ont rarement été à la hauteur de leur mission ; puisque, le plus souvent, ils n'ont usé de leur pouvoir que pour nuire à ceux dont ils auraient dû être les protecteurs naturels. Il n'y a guère d'apparence que les choses s'améliorent de long-temps ; car, jusqu'à présent, il n'y a rien qui force les savants à faire leur devoir ; et lorsque l'homme n'a aucun frein qui le retienne, il est rare, non-seulement qu'il n'abuse pas de sa situation pour faire le mal, mais encore qu'il ne persiste pas à mal faire. Il finit même par s'abrutir tellement, qu'il perd tout sentiment du juste et de l'injuste, et qu'il se glorifie de ce qui devrait être pour lui un sujet de honte.

« Je ne voudrais pas, nous avouait un membre né de toutes sortes de commissions, avoir sur ma conscience privée la centième partie des fautes, des méfaits et des sottises, que j'ai votés en commission. Mais le péché mortel devient véniel en participation. Le plus lourd fardeau partagé, divisé, émietté, finit par perdre son poids. En un mot, le système des commissions est l'escamotage le plus habile qu'on ait pu imaginer de toute responsabilité personnelle. » (Jobard et Moigno, cinquième article sur l'Exposition des produits de l'Industrie, *Presse* du 1er juin 1849.)

Il serait pourtant facile de remédier à un état de choses aussi déplorable ; pour cela il suffirait que des hommes, comme lord de Rosse en Angleterre, S. A. le

prince Charles Bonaparte en France, etc, réunissent
sous leur présidence un certain nombre de personnes ai-
mant, comme eux, la science pour elle-même, la culti-
vant sans intérêt et sans ambition, et qui prononceraient
consciencieusement sur le mérite de toutes les découvertes, innovations, de tous les perfectionnements, etc.,
soumis d'abord aux sociétés savantes, et mal appréciés
par elles, ou dont on retarderait indéfiniment le rapport. Ces assemblées seraient, pour ainsi dire, des
cours de cassation, dont les arrêts feraieut autorité,
non-seulement dans les pays où elles existeraient, mais
encore dans l'univers entier. Leurs travaux ne seraient
pas aussi nombreux qu'on pourrait le croire, car les
corps savants, sachant qu'on les surveillerait et qu'on
contrôlerait sévèrement leurs jugements, s'aperce-
vraient bientôt qu'ils perdraient toute considération,
s'ils ne changeaient pas de conduite.

Ces assemblées ne s'occuperaient pas seulement des
vivants, mais elles rendraient aussi la justice aux morts,
en appréciant le mérite de chacun d'eux, et en exhu-
mant des livres et des manuscrits les vérités qui y sont
enfouies depuis plus ou moins longtemps. Ainsi, dernièrement, en lisant un ouvrage du quatrième siècle,
les *Confessions de saint Augustin*, j'ai trouvé, à mon
grand étonnement, une démonstration parfaitement
claire de l'indivisibilité du temps à l'infini.

Pour répondre à ceux qui demandaient ce que Dieu
faisait avant de créer le ciel et la terre, et pourquoi il
avait laissé écouler un océan d'âges infinis sans entre-
prendre ce grand ouvrage : Saint Augustin dit que Dieu
ne faisait rien alors, et qu'il n'y avait pas de temps

avant la création. Il affirme hardiment que si rien ne passait, il n'y aurait point de temps passé ; que si rien n'advenait, il n'y aurait point de temps à venir ; et que si rien n'était, il n'y aurait point de temps présent. Après quelques sophismes sur la longueur du passé et de l'avenir, il arrive au temps présent.

« Voyons donc, ô âme de l'homme, si le temps présent peut être long ; car tu as reçu la faculté de concevoir et de mesurer ses pauses. Que vas-tu me répondre ? Est-ce un long temps que cent années présentes ? Vois d'abord si cent années peuvent être présentes ? Est-ce la première qui s'accomplit ? Elle seule est présente, les quatre-vingt-dix-neuf autres sont à venir ; et partant ne sont pas encore. Est-ce la seconde ? Il en est une déjà passée, une présente ; le reste est futur. Ainsi de toute année que nous fixerons comme présente dans la révolution d'un siècle, tout ce qui la devance est passé ; tout ce qui la suit est futur. Cent années ne sauraient donc être présentes.

« Mais vois si du moins l'année actuelle est elle-même présente ? Est-ce son premier mois qui court ? Les autres sont à venir. Est-ce le second ? Le premier est déjà passé ; le reste n'est pas encore. Ainsi l'année actuelle n'est pas tout entière présente ; et partant, ce n'est pas une année présente ; car l'année c'est douze mois, dont chacun à son tour est présent, le reste passé ou futur. et le mois courant, même, n'est pas présent, mais un seul de ses jours. Est-il le premier ? Le reste est dans l'avenir. Est-il le dernier ? Le reste est dans le passé. Est-il intermédiaire ? Il est entre ce qui n'est plus et ce qui n'est pas encore.

« Voilà donc ce temps présent que nous avons
trouvé le seul qu'on pût appeler long ; le voilà réduit
à peine à l'espace d'un jour. Et ce jour même, encore,
discutons-le ; non, ce seul jour n'est pas tout entier
présent ; car il s'accomplit en vingt-quatre heures,
douze de jour, douze de nuit, dont la première précède et la dernière suit toutes les autres ; l'intermédiaire suit et précède.

« Et cette même heure se compose elle-même de
parcelles fugitives. Tout ce qui s'en détache s'envole
dans le passé ; ce qui en reste est avenir. Que si l'on
conçoit un point dans le temps, sans division possible
de moment, c'est ce point-là seul qu'on peut nommer
présent.

« Ce point vole, rapide de l'avenir au passé, durée
sans étendue ; car s'il est étendu, il se divise en passé
et en avenir. Ainsi le présent est sans étendue. Où donc
est le temps que nous puissions appeler long ? Est-ce
l'avenir ? Non : car il ne peut être long sans être. Nous
disons donc : il sera long. Mais quand le sera-t-il ? Non
sans doute tant qu'il sera avenir, n'étant pas encore,
pour être long. Que s'il ne doit être long qu'au moment
où, de futur, il commencera d'être ce qu'il n'est pas
encore, c'est-à-dire, présent, ayant un être, et de quoi
être long, n'oublions pas que le présent nous a crié à
haute voix : Non, je ne saurais être long. » (Pag. 324 et
suivantes des *Confessions de saint Augustin*, trad. de
Moreau, 2e edit., 1842.)

Sans doute saint Augustin finit par s'embrouiller
dans ses raisonnements ; il arrive, sans la chercher, à
une vérité dont il ne paraît pas sentir l'importance ;

mais , retranchez du passage des *Confessions* le dernier paragraphe, et vous avez une démonstration,
pleine de clarté et d'élégance, de l'indivisibilité
du temps à l'infini, qui, depuis quatorze cents ans,
devrait être inscrite en lettres d'or au livre de la
science.

Note 8, pag. 26 . En 1834, j'adressai à l'Académie
royale de Médecine de Paris un *Mémoire sur Mahomet, le prophète des Arabes, considéré comme aliéné.* Au
bout de cinq années, n'ayant aucune nouvelle de mon
Mémoire, je me dis : Peut-être que le rapport en aura
été fait à mon insu ; assurons-nous-en. J'allai donc au
secrétariat de l'Académie , et , m'aprochant d'un employé, je lui demandai si un rapport avait été fait sur
un Mémoire que j'avais envoyé, en 1834, à l'Académie.
Après que je lui en eut dit le titre, il me répondit :
« Monsieur, je n'ai jamais entendu parler de ce Mé-
moire-là. » — « Il y a pourtant cinq ans que je l'ai
adressé à l'Académie ; une commission a même été
nommée ; je crois qu'elle est composée de MM. Falret,
Ferrus et Renauldin. » — « C'est possible, Monsieur,
mais je n'en ai jamais eu connaissance, et il y longtemps que je suis ici. » — « Quand donc alors fera-t-on
le rapport de mon Mémoire ? » — « Ah ! si vous atten-
dez qu'on en fasse le rapport, vous attendrez longtemps. Avez-vous été voir les membres de votre commission ? » — « Non. » — « Et votre rapporteur ? » —
« Pas davantage. » — « Hé bien ! si vous ne vous remuez
pas plus que cela, soyez sûr et certain que jamais vous
n'aurez de rapport. Il faut aller voir souvent ces Mes-

sieurs., être toujours sur leur dos, les harceler sans cesse, pour ainsi dire, sans cela vous n'obtiendrez rien.»
Pour savoir quel était mon rapporteur, j'allai d'abord chez M. Falret ; il était à la campagne ; un de ses amis le remplaçait. J'informai ce dernier du motif de ma visite ; il me répondit qu'il ne croyait pas que M. Falret eût été nommé rapporteur, car il en aurait eu connaissance. Comme je lui faisais remarquer qu'il y avait cinq ans que j'attendais le rapport de mon Mémoire, et que c'était vraiment décourageant, il me dit : « Sans doute c'est bien long ; mais, d'un autre côté, ces Messieurs sont excusables. Leurs occupations sont nombreuses ; dès le matin, ils vont à leur hôpital ; dans la journée, ils voient leurs malades ; ensuite ils dînent en ville, et le soir, quand ils rentrent chez eux, ils ont plutôt envie de dormir que de lire les Mémoires qu'on leur adresse ; et puis, à vous dire vrai, ça les embête. »
— « Comment, ça les embête ? Qu'ils donnent leur démission alors, s'ils ne veulent rien faire. D'honnêtes gens ne gardent pas des places dont ils ne veulent pas remplir les fonctions ; ils font pourtant assez de pas et de démarches pour les obtenir. »
La personne à qui je parlais, n'ayant rien à dire à des réflexions aussi justes, m'offrit d'écrire à M. Falret pour avoir des renseignements. Je la remerciai, et, pour abréger, j'allai voir un autre des membres de la commission, M. Renauldin. A peine celui-ci eut-il appris ce que je lui demandais, qu'il me dit : « Oui, c'est moi qui suis le rapporteur de votre Mémoire ; j'en ai même lu une grande partie, et, dans un mois au plus tard, mon rapport sera présenté à l'Académie. »

— « Monsieur, Je voudrais partager l'espoir que vous voulez bien me donner ; mais il y deux membres de la commission qui doivent prendre communication de ce Mémoire, et si chacun d'eux met autant de temps que vous à le lire, j'en ai encore pour dix ans à attendre. »

— « Ah ! mais cela ne se fait pas ainsi, me dit-il en riant : les membres de la commission n'ont pas besoin de lire votre Mémoire. Je le lis, moi, rapporteur, cela suffit. Mon rapport donnera une idée exacte de ce qu'il renferme ; et quand j'aurai fini ma rédaction, j'en donnerai communication aux membres de la commission, et ils signeront ; voilà comme cela se fait. »

Note 9, pag. 26. Académie royale de Médecine (*Séance* du 3 juin 1845). — M. LAGNEAU lit, en son nom et au nom de MM. Londe et Martin-Solon, un rapport sur un Mémoire de M. Castelnau. Après une longue analyse du Mémoire, M. le rapporteur, partageant à cet égard l'opinion de M. Castelnau, s'élève avec force contre la pratique de l'inoculation, qu'il considère comme un moyen de diagnostic inutile et sans valeur, comme une pratique dangereuse qui peut avoir de graves inconvénients pour les malades. Il conclut en proposant d'adresser des remercîments à l'auteur, et d'insérer son travail dans le *Bulletin.* »

M. LONDE : « Comme membre de la commission, je crois devoir demander quelques explications à M. le rapporteur sur plusieurs points que je ne voudrais pas laisser passer sans discussion. »

M. DUBOIS (d'Amiens) interrompt M. Londe en lui faisant remarquer ce que son interpellation à d'irrégu-

lier. «Membre de la commission, dit-il, M. Londe a
dû prendre connaissance du rapport avant de le signer,
et, s'il avait des observations à faire, il devait les faire
avant la lecture du rapport en séance publique. »

M. Londe. « J'ai signé le rapport, il est vrai, mais
sans en avoir pris connaissance. D'après la lecture que
je viens d'entendre maintenant, il me paraît contenir
des assertions qui demandent à être contrôlées. » (*Plusieurs membres s'élèvent contre la demande de M. Londe.*)

M. Moreau. « La discussion que veut soulever maintenant M. Londe devait avoir lieu dans le sein de la
commission, et non pas ici. »

M. Dubois (d'Amiens). « Je viens d'apprendre à l'instant même que M. Martin-Solon n'a pas eu non plus
connaissance du rapport. Je pense que dans cet état de
choses, vu la gravité des opinions émises par M. le
rapporteur, le rapport doit être renvoyé à la commission. Je demande formellement ce renvoi. »

M. Gerdy. « Je m'oppose au renvoi. Si l'on exigeait
que l'on ne vînt lire des rapports qu'après que chacun
des commissaires en aurait pris connaissance, nous
n'en entendrions jamais. Nous savons tous combien il
est difficile de réunir des commissaires. Pour ma part,
je fais partie d'une commission instituée depuis deux
ans pour la nomination de correspondants, et nous
n'avons jamais pu parvenir à nous trouver tous réunis.
Je pense que les rapporteurs doivent passer ou're.
Agir autrement, ce serait rendre les travaux de l'A-
cadémie presque impossibles » (*L'Abeille médicale*,
juillet 1845).

Note 10, pag. 26. Académie royale de Médecine de Paris. « Au moment où M. Belhomme commence la lecture de son Mémoire, M. Moreau demande la parole pour une motion d'ordre.

« M. Moreau. «J'ai déjà fait une proposition à l'Aca-« démie, que je suis obligé de reproduire, c'est de prier « le conseil d'administration d'aviser à quelque moyen « pour que nous puissions entendre ce qui se dit à la « tribune. Cette salle est si singulièrement construite, « qu'étant placé en face, et non loin de l'orateur, je ne « puis rien entendre. » (*Voix nombreuses* : C'est vrai. « Appuyé! appuyé). »

« M. Dubois (d'Amiens). « Permettez, Messieurs ; « ce que vient de dire M. Moreau est contestable. » « (*De toutes parts*. Non! non ! Si! si !) « Et quand l'Aca-« démie fait silence, on entend très-bien. » (*Hilarité*).

« M. le Président. « La proposition de M. Moreau « est-elle appuyée? » (*Quelques voix* : Oui, oui.)

« M. Mérat. « Cette proposition ne peut-être faite ni « discutée, ni renvoyée au conseil. Nous ne sommes « pas ici chez nous, Messieurs ; c'est le gouvernement « qui loue le local, c'est le gouvernement qui a fait cons-« truire la salle, et par un architecte de son choix. L'A-« cadémie n'a pas été appelée à intervenir, à conseiller, « à modifier; elle est donc forcée d'accepter les choses « telles qu'elles sont, et sans y pouvoir rien changer. « D'ailleurs, les inconvénients ne sont pas si graves « que veut bien le dire M. Moreau : si l'Académie écou-« tait en silence, au lieu de se livrer à des conversa-« tions particulières, on entendrait parfaitement. »

« Cet incident n'a pas de suite, et ce qui en résulte

le plus clair, c'est que, de son propre aveu, l'Académie n'est pas toujours très-attentive à ce qui se dit dans son enceinte. » (Jean Raimond, *Gazette des Hôpitaux*, 3 avril 1845).

Note 11, p. 26. Dans le Mémoire que j'ai adressé à l'Académie royale de Médecine de Paris, sur Mahomet considéré comme aliéné, j'ai cité un fait qui, à lui seul, prouve la folie de Mahomet ; je veux parler du satyriasis dont il fut saisi peu de temps après la mort de sa première femme. « Tant que sa première femme vécut, Mahomet n'eut pas la moindre familiarité avec d'autres femmes, et ce ne fut qu'à cinquante ans que son incontinence devint un vice dominant ; alors il épousa successivement douze et même quinze femmes légitimes, quoiqu'il n'ait autorisé à en avoir que quatre dans le Coran. Outre ces épouses légitimes, il eut encore onze concubines. » (*Biog. univ. anc. et mod.*, art. Mahomet, p. 210 et 211).

« Ses femmes légitimes et ses concubines ne lui suffisant pas, il lui était permis de regarder les femmes étrangères, et de se retirer secrètement à l'écart avec elles ; il lui était permis de demeurer dans la mosquée et de continuer à faire la prière, quoiqu'il lui arrivât de se polluer. » (*Vie de Mahomet*, par Gagnier, t. II, chap. XVII, p. 382 et 383, des prérogatives du prophète).

« Il est vrai que sa puissance virile était bien grande, car « en une heure de temps il payait à ses onze femmes le devoir conjugal. » (*Vie de Mahomet*, par H. Prideaux, p. 242, in-8°, 1699).

Etiam post mortem erat adhuc in erectione. « Il y a une tradition qui porte qu'en le frottant alors, Ali sentit quelque chose qui faisait résistance, et qu'il s'écria : « O prophète! certè tua virga tendit ad « cœlum. » *Vie de Mahomet*, par Gagnier, t. II, p. 301).

Jamais satyriasis ne fut mieux caractérisé que celui dont Mahomet fut affecté dans un âge avancé. Que fait M. Renauldin? Il passe sous silence le fait habituel de la pollution à la mosquée, et après avoir avoué l'incontinence de Mahomet, il s'écrie : « Il fallait que la nature l'eût doué d'une puissance virile extraordinaire ! » Ceci n'était pas un état physiologique, mais un état morbide qu'un médecin n'aurait pas dû dissimuler ou méconnaître. Si, en France, un prêtre se livrait, à l'autel, à de pareils excès, il n'y aurait pas un seul membre de l'Académie impériale de médecine de Paris, chargé, par l'autorité, de faire un rapport sur son état mental, qui hésiterait à le considérer comme un aliéné devant être envoyé dans une maison de santé. Mais comme mon rapporteur voulait faire passer Mahomet pour un homme de génie, il fallait bien qu'il passât sous silence un fait aussi significatif que celui-là; ce qui ne l'empêchera pas de dire que son rapport présente un exposé fidèle de ce que renferme mon Mémoire.

Donnons un autre exemple de l'exactitude de M. Renauldin : Dans mon Mémoire, j'avais cité ce passage de l'Alcoran : « L'armée passant par un lieu sec et aride, où il ne se trouva point d'eau au temps de la prière, avant laquelle la purification est nécessairement réquise, Dieu, par condescendance, la prescrivit en ces termes : «Que si vous êtes malade ou en voyage, ou

« que vous reveniez du retrait (de satisfaire les besoins
« naturels), ou d'avoir touché des femmes, et que vous
« ne trouviez point d'eau, prenez de la superficie d'une
« bonne poussière, et frottez-vous-en les mains et le
« visage. Dieu ne veut point vous exposer à aucune
« difficulté, mais vous purifier et accomplir sa grâce
« en vous. Peut-être en serez-vous reconnaissant. »
(*Alcoran*, sur. 5, v. 7).

M. Renauldin, faisant allusion à ce passage, qu'il se
garde bien de citer, s'exprime ainsi dans son rapport :
« L'ordonnance de se purifier ou d'exécuter des ablutions avec de l'eau, et, à défaut d'eau, avec du sable
fin et pur, ou de la menue poussière, fut rendue à l'occasion du passage de l'armée mahométane à travers
un pays aride, totalement dépourvu d'eau. « Quelle
« extravagance ! s'écrie M. Beaux, de se frotter de
« poussière les mains, le visage et les autres parties
« du corps, pour les purifier après avoir satisfait les
« besoins de la nature. »

Comment aurais-je dit : *les besoins de la nature ?*
Je ne voulais sans doute pas parler du boire et du manger. Je n'ai pas dit non plus : *et les autres parties du
corps*, puisque Mahomet lui-même n'a parlé que des
mains et du visage, comme on peut le voir dans l'article de l'Alcoran cité ci-dessus.

M. Renauldin a si bien compris l'absurdité du conseil
que Mahomet donne à son armée, que, pour la rendre
moins sensible, il fait croire qu'après les mots : *les mains
et le visage*, le prophète a ajouté : *et les autres parties du
corps*, afin que la partie qui, dans cette circonstance, a
spécialement besoin d'être nettoyée, ne soit pas oubliée.

M. Renauldin continue ainsi : « On ne peut s'empêcher, en effet, de trouver fort bizarre ce moyen de remplacer l'eau. » Du tout, ce n'est pas de remplacer l'eau par de la poussière qui est bizarre, mais de se frotter les mains et le visage, au lieu du derrière, après avoir fait ses besoins naturels. « Il paraît certain, ajoute-t-il, que cette recommandation n'avait d'autre but que de faire sentir, par son exagération même (il n'y avait pas d'exagération, puisqu'il ne leur disait pas de se torcher le derrière) l'importance de la propreté dans un climat dont la chaleur élevée et constante engendre des maladies qui peuvent être prévenues par de fréquentes ablutions. Il n'est pas défendu à un prophète de se servir de figures de rhétorique. » Figures de rhétorique ! C'est tout simplement une cochonnerie que M. Renauldin a voulu faire passer, aux yeux de l'Académie, pour une mesure hygiénique.

Sans doute, M. Renauldin ne pouvait pas faire grand cas d'une cause qu'il soutenait par de pareils moyens ; aussi, pour qu'on ne se méprenne pas sur son opinion personnelle à ce sujet, après avoir cherché à réfuter tout ce que je dis, dans mon Mémoire, pour prouver l'aliénation de Mahomet, il termine son rapport par les conclusions suivantes : « Adresser une lettre de remercîments à M. Beaux ; déposer son Mémoire dans les archives de l'Académie ; placer son nom sur la liste des candidats aux places de membres résidents de l'Académie. La dernière conclusion étant contraire au réglement, est rejetée » (*Gazette des Hôpitaux,* 19 mai 1842.)

Note 42, page 27. « Nous avons eu, lundi dernier, à l'Académie des sciences, une fraction de séance qui incombe naturellement au feuilleton. Il s'agissait de la gélatine et des réclamations de M. Darcet, le constant et intrépide défenseur de cette substance, contre les conclusions des expériences de l'Institut des Pays-Bas, qui a formellement nié ses propriétés nutritives. Je vais reproduire aussi fidèlement que ma mémoire me le permettra, cet incident curieux et instructif. Rarement on a entendu, même à l'Académie de Médecine, cette terre fertile en incidens bizarres et inattendus, quelque chose de plus singulier et de plus significatif sur le zèle et l'activité des commissions scientifiques. »

M. Gay-Lussac. « Je demanderai, à cette occasion, à quelle époque enfin la commission de la gélatine voudra faire son rapport? Cette question est extrêmement importante; elle intéresse au dernier point les classes pauvres; il faut enfin savoir si la gélatine est ou non nutritive. »

M. Thénard. « Ayant l'honneur d'être président de cette commission, je demande à m'expliquer. J'ai fait tout ce qu'il m'était possible de faire pour réunir la commission et pour activer son zèle, j'y ai perdu ma peine. Il en sera de même de toutes les commissions trop nombreuses. Celle-ci se compose de sept personnes, c'est beaucoup trop. »

M. Dupin, président. « Il n'y a qu'à nommer une sous-commission dans la commission même. »

M. Thénard. « Cela a été fait : j'ai nommé deux sous-commissions de trois membres, elles n'ont pas fait plus de besogne; j'en ai nommé de deux membres, je n'ai pas été plus avancé. »

M. Gay-Lussac. « L'Académie n'en doit que plus insister sur la nécessité de voir mettre un terme à cet état de choses. »

M. Thénard. « Je demande que M. Gay-Lussac soit adjoint à la commission. » (*Hilarité générale.*)

M. Gay-Lussac. « Vous trouvez la commission déjà trop nombreuse, et vous voulez la rendre plus nombreuse encore! Je refuse cet honneur. »

M. Thénard. «Il faut bien la rajeunir, puisqu'on n'en peut rien faire. »

« La discussion finit par l'adjonction de ce pauvre M. Dutrochet, qui ne s'y attendait guère, et sur le zèle de qui la commission va sans doute s'en reposer complètement.

« Or, savez-vous depuis combien de temps cette commission de la gélatine est instituée? Depuis quatorze ans! Depuis plus longtemps encore les malades de l'hôpital Saint-Louis sont abreuvés par la nauséabonde décoction dénommée, par antiphrase, bouillon gélatineux. L'expérience empirique a pu se faire pendant vingt ans sans que, durant cette longue période, l'expérience scientifique ait trouvé le temps d'éclairer l'opinion. Il y en a de riches et bien repus qui trouvent que tout va pour le mieux dans ce meilleur des mondes possibles, de ceux surtout quiètement faisant leur sieste dans le fauteuil académique.» (Feuilleton, par Jean Raimond, *Gazette des Hôpitaux*, 2 avril 1844.)

Note 13, page 27. «Guillotin, député de Paris, fit, dans la séance du 10 octobre 1789, une série de propositions sur la nature et l'effet légal des peines en matière criminelle. La seconde de ces propositions, relatives à l'application de la peine capitale, portait qu'à l'avenir tout condamné à mort aurait la tête tranchée, et que la décapitation aurait lieu par l'effet d'un simple mécanisme. Un débat s'ouvrit à ce sujet le 1er décembre suivant. Guillotin y prit une part fort vive; et, tout plein de son sujet, irrité d'ailleurs par quelques objections, il se laissa entraîner jusqu'à s'écrier, après avoir exposé les inconvénients attachés au supplice ordinaire de la pendaison : « Eh bien ! moi, avec ma machine, je vous fais sauter la tête en un clin d'œil, sans que vous ayiez le temps de vous en apercevoir. » Un immense éclat de rire accueillit ces paroles. »

Voilà à quoi s'occupait Guillotin ! Il ne savait pas décider une question médicale, mais il était habile à modifier un instrument de mort du xvie siècle, pour faire couper les têtes *proprement*.

Note 14, page 48. Dès que je m'aperçus que ma somnambule était disposée à faire peur aux personnes avec qui je la mettais en rapport, je m'opposai mentalement à ce qu'elle continuât d'agir ainsi, et ce fut la dernière fois que cela lui arriva. Un somnambule bien dirigé ne doit pas être trop indépendant de son magnétiseur, parce qu'il peut en abuser. A cette occasion, je rapporterai un tour pendable qu'une jeune femme, en somnambulisme, joua à la Faculté de Médecine de Paris, dont elle voulait se moquer. Cette somnambule était clairvoyante, et elle n'eut pas de peine, en lui parlant avec assurance, à faire croire à son magnétiseur, M. le docteur Chapelain, que le 14 mars 1828, à onze heures

du soir, elle rendrait, en allant à la selle, un ver solitaire de la longueur du bras. Le magnétiseur enchanté,
courut bien vite chez M. Husson, rapporteur de la commission du magnétisme animal, nommée par l'Académie
royale de médecine de Paris, lui annoncer cette bonne
nouvelle : celui-ci, donnant dans le piége, avertit aussitôt ses collègues.

« La commission, dit-il, avait un trop grand désir de
voir le résultat de cette annonce pour négliger l'occasion qui lui était offerte. MM. Itard, Thillaye et le rapporteur, auxquels se joignirent deux membres de l'Académie, MM. Caille et Virey, ainsi que le docteur Dance,
actuellement médecin de l'hôpital Cochin, se rendirent
le lendemain 15, à dix heures cinquante-sept minutes du
soir, au domicile de cette femme. Elle fut à l'instant magnétisée par M. Chapelain et endormie à onze heures. Elle
annonce alors qu'elle voit dans son intérieur quatre morceaux de ver dont le premier est enveloppé dans une
peau ; que pour le rendre, il faudrait qu'elle prît de
l'émétique et de la poudre aux vers. On lui objecte qu'elle
avait dit qu'elle rendrait ce premier morceau à onze
heures. Cette objection la contrarie ; elle se lève brusquement : le rapporteur la saisit, s'assure qu'elle ne
cache rien sous ses jupons, et l'asseoit sur une chaise
percée qu'il avait bien visitée auparavant. Au bout de
dix minutes, elle dit éprouver du chatouillement à
l'anus ; elle se lève avec vivacité et on profite de ce mouvement pour s'assurer que rien ne sort de l'anus. A
onze heures quarante-deux minutes, elle est réveillée,
fait des efforts pour aller à la garde-robe, et ne rend
rien. M. Chapelain la magnétisa de nouveau, l'endor-

mit, et lui donna, à deux heures et demie du matin, l'émétique qui procura des vomissements sans morceaux de vers. Le 16, à dix heures du matin, elle rendit par l'anus des matières fécales moulées, dans lesquelles il n'y avait aucune apparence de vers. » (*Rapport* sur les expériences magnétiques faites par la commission de l'Académie royale de médecine, lu dans les séances des 21 et 28 juin 1831, par Husson, rapporteur.)

Conçoit-on la candeur de ce rapporteur qui va raconter à l'Académie une scène aussi plaisante ! A sa place, je n'aurais pas seulement voulu assister à la sortie du tœnia ; car, lors même que la prédiction se serait accomplie, l'Académie n'en aurait pas été plus convaincue. Les uns lui auraient dit que cette somnambule, ayant à rendre un tœnia au moment où elle en avait annoncé la sortie, ce n'était qu'une coïncidence ; les autres, que la chaise percée avait un double fond qui avait échappé à ses recherches, ou bien que la somnambule y avait glissé adroitement un ver solitaire à l'insu de tout le monde. Dans le cas contraire, quelle mystification ! Une commission tout entière venir, à onze heures du soir, faire cercle autour d'une chaise percée pour voir rendre un ver solitaire par une somnambule ! Les voyez-vous, ces académiciens, se gendarmant contre elle parce qu'elle voulait prendre un purgatif ! Et qu'est-ce que cela leur faisait qu'elle prît un purgatif ? Si elle eût eu à rendre un tœnia, l'expulsion en aurait eu lieu plus tôt, cela revenait au même. Contrariée, la somnambule se lève brusquement et le rapporteur profite de l'occasion pour s'assurer qu'elle n'a rien caché sous ses jupons ! La voilà de nouveau replacée sur sa chaise percée : au bout de dix minutes, elle dit qu'elle éprouve du chatouillement à l'anus ; elle se lève avec vivacité, et les académiciens profitent de la circonstance pour s'assurer que rien ne sort de l'endroit indiqué. N'aurait-elle pas pu dire à chacun d'eux, comme dans la chanson : As-tu vu la lune, mon'gars, as-tu vu la lune? Enfin, le lendemain matin, elle leur rend *des matières fécales moulées* dans lesquelles, à leur grand regret, on ne trouve pas de ver solitaire. Ah ! que l'on a raison de dire, parfois, que les hommes d'esprit sont bêtes !

Note 16, page 50. Certains magnétiseurs pourtant, ne se louent guère de leurs somnambules ; il en est même qui ont de l'éloignement pour eux. Ceci vient de ce qu'en fait de somnambulisme, on ne recueille que ce qu'on a semé. En effet, si l'on magnétise un somnambule seulement pour lui être utile, il ne s'y trompe pas. Contrairement aux personnes éveillées qui trop souvent trouvent mille raisons pour se débarrasser de la reconnaissance qu'ils vous doivent, ou même pour vous en vouloir du bien que vous leur faites, les somnambules devinent les motifs véritables de votre conduite envers eux, et ne vous récompensent pas par de l'ingratitude. Aussi vous pouvez les consulter sur tout ce qui vous concerne, car ils s'intéressent plus à vous qu'à eux-mêmes. Mais trop souvent on ne magnétise que pour contenter sa curiosité. A peine a-t-on un somnambule, qu'on le pique, qu'on le pince, qu'on lui applique des moxas. Celui-ci lui laisse tirer à l'oreille un pistolet chargé à poudre, dont les grains lui entrent dans la peau. Celui-là invoque les esprits infernaux

qui lui répondent par la voix de sa crisiaque, et après la conversation, il a fait tant de progrès dans l'art diabolique, que les démons pourraient lui dire : *Dignus es intrare in nostro corpore*. Comment voulez-vous que des somnambules s'intéressent à des hommes qui agissent ainsi envers eux ?

Dernièrement, un de mes confrères, partisan zélé du magnétisme, me racontait que se trouvant dans un omnibus, en face d'une jeune femme, il s'aperçut qu'elle bâillait, et avait une tendance au sommeil ; il pensa que, par sa présence, il agissait sur cette personne d'autant mieux que ses pieds touchaient les siens. Alors, se recueillant un instant, il agit fortement sur elle, avec l'intention de la faire tomber en somnambulisme. Au bout de deux minutes, il lui vit baisser la tête et fermer les yeux ; mais étant arrivé à l'endroit où il se rendait, il fut obligé de descendre de l'omnibus. — « Comment, lui dis-je, vous l'avez quittée sans la dégager ? Mais si elle eût été en somnambulisme. » — « Hé bien, me répondit-il, la voiture étant près de la station, si elle n'avait pas voulu en sortir, le conducteur l'aurait réveillée en la secouant un peu. A peine étais-je dans la rue, continua-t-il, que j'entendis marcher derrière moi. C'était ma particulière qui me suivait. Pensant qu'elle était en somnambulisme, je me retourne et je vois une femme dont le visage était pourpre ; je lui dis : «Madame, il paraît que le sang vous monte à la tête ; je vais vous faire passer cela ; et lui mettant ma main en travers, à la hauteur de la racine du nez, je lui souffle sur le front et je m'en vais. Pendant que je m'éloignais, je lui entends dire : « Mon Dieu ! qu'est-ce que cela signifie ?

« J'étais tout-à-l'heure en omnibus, et me voilà mainte-
« nant au milieu de la rue ! » —Je me gardai bien, ajouta
mon confrère, de lui faire connaître que j'étais cause
de ce qui venait de lui arrriver. »

Il y a deux ans qu'à une séance magnétique, j'ai
été témoin d'un fait qui a quelque rapport avec
celui-là. Les nombreux spectateurs étaient occupés à
regarder plusieurs personnes magnétisées en même
temps, lorsque des cris se firent entendre dans un endroit de la salle. Le président en demanda la cause :
et on lui dit qu'une dame se plaignait d'être actionnée
magnétiquement par une personne qu'elle ne connaissait pas, et qui se trouvait derrière elle. Le président
invita cette personne à rester tranquille; mais, au bout
de deux minutes, les cris recommencèrent. Le président, irrité, se leva et dit : «Monsieur, je vous préviens
que si vous continuez d'agir ainsi, je vous ferai sortir
de la salle. » — « Mais je ne magnétise point madame. »
— « Je vous dis que vous la magnétisez ; d'ailleurs, je
suis somnambule, et, de ma place, je sens que vous
agissez sur elle. » Alors des cris de colère partent de
tous côtés. L'on monte sur les banquettes, l'on se bous-
cule ; les femmes effrayées se sauvent par toutes les
issues, et la séance étant levée forcément, je sortis sans
attendre la fin de la dispute.

Note 17, page 63. En général, les somnambules
aiment à être auprès de leur magnétiseur. Dès qu'il s'é-
loigne, ils tendent les bras vers lui, agitent les doigts
comme pour le retenir. Ils l'appellent en lui disant
qu'ils voient des spectres qui les menacent. J'en avais

une qui me disait alors qu'elle voyait un précipice dans lequel elle allait tomber ; et, pour me faire revenir, elle ne se contentait pas de lever les bras vers moi, elle levait aussi les jambes ; ce n'était pourtant pas une acrobate. Quelques somnambules, de peur que leur magnétiseur ne s'éloigne, s'emparent d'une de ses mains et ne veulent pas la lâcher ; d'autres, qui sortent à peine de l'enfance, se placent sur ses genoux, passent leurs bras autour de son cou, appuient leur tête sur sa poitrine, et dorment aussi tranquillement que l'enfant sur le sein de sa mère. Quand mes deux somnambules mettaient leur tête sur mes épaules, je leur disais qu'elles salissaient mon habit avec leurs cheveux ; elles ne se dérangeaient pas pour cela et me répondaient : vous en mettrez un autre. Pour ne pas les contrarier, je les laissais faire, restant immobile comme Crébillon au milieu de ses chats. On sait que ce poète tragique aimait beaucoup ces animaux ; souvent il en avait deux sur ses genoux, deux sur ses épaules et un sur sa tête. Il est vrai que ma situation était plus agréable que la sienne ; Crébillon n'avait pour se distraire que les ronrons de ses matous, mais moi, j'avais le gazouillement de mes deux fauvettes.

Note 18, page 65. Il existe plusieurs faits de somnambulisme prolongé ; un entre autres, cité par Deleuze, dans l'*Hermès*, journal du Magnétisme animal, tome Ier, p. 331, est relatif à deux sœurs endormies l'hiver près du feu, et réveillées, trois mois après, au parc de Monceaux, au bord de l'eau, sous des touffes de lilas. On pourrait employer le même moyen avec avantage pendant le traitement de certaines maladies, ou pour aider beaucoup d'infortunés à supporter les peines de la vie. Plus d'une fois on a prolongé le somnambulisme dans un autre but. Ainsi, un membre d'une société magnétique racontait à plusieurs de ses collègues, qu'au commencement de son mariage, sa femme était si honteuse qu'elle n'osait pas se déshabiller devant lui, ni rien faire en sa présence. « Quand j'ai vu cela, ajouta-t-il, je l'ai mise en somnambulisme, et depuis qu'elle est dans cet état, elle ne se gêne pas plus que si je n'y étais pas. Tous les matins, au moment où elle va se réveiller, je la magnétise de nouveau, et ensuite je lui ouvre les yeux, de sorte qu'elle ne paraît pas endormie. Je suis enchanté d'avoir trouvé ce moyen d'éducation : ma femme en est plus docile ; elle n'a pas d'autres goûts, d'autres penchants que les miens. Quand je commence, elle commence, quand je finis, elle finit. Bien des médecins ont été consultés en vain, pour obtenir un résultat semblable, qui n'est rien en apparence, mais d'où dépend souvent la paix du ménage ! Maintenant, elle est enceinte. J'ai envie de la laisser en somnambulisme jusqu'à ce qu'elle soit accouchée ; je lui éviterai ainsi les douleurs de l'enfantement. »

Ce magnétiseur parlant, quelques mois après, aux mêmes personnes, leur apprit que sa femme était accouchée heureusement. « Je la réveillerais bien, ajouta-t-il, mais j'aurais peur qu'à son réveil, ne reconnaissant pas son fils, elle ne le prît en aversion. » (Il ignorait sans doute qu'il pouvait ordonner à sa femme de se ressouvenir, quand elle serait réveillée, de ce qu'elle avait fait en somnambulisme.) « Au fait, continua-t-il, puisqu'elle se trouve bien comme elle est, je ne vois pas pourquoi je ne la laisserais pas dans cet état-là jusqu'à la fin de ses jours. » On voit que c'est très-avantageux parfois d'avoir pour mari un magnétiseur.

Note 19, page 67. Le changement étonnant qui s'était opéré en si peu de temps dans la voix de cette jeune fille, me fit penser que, si cette voix était d'abord si discordante, cela ne dépendait pas de l'imperfection des organes vocaux ; et, à cette occasion, je me rappelai un passage de l'article Malibran, du *Supplément à la Biogr. anc. et mod.*, qui semble confirmer mon opinion. « Madame Malibran possédait le sentiment de la musique au plus haut degré ; mais sa voix dure et voilée fut longtemps rebelle aux leçons de son père ; le fameux ténor espagnol Garcia, qui disait : « *Il faudra « bien que cette voix sorte enfin ; elle est là, je la sens, « je la devine.* » Sans doute, l'expérience avait appris à Garcia que l'imperfection de la voix ne vient pas toujours de la défectuosité des organes vocaux. Mais il n'alla pas plus loin, et, croyant que le seul moyen de faire disparaître les défauts qu'il remarquait dans la voix de sa fille, c'était d'agir de rigueur, il la menait durement, la frappait quelquefois lorsqu'elle ne profitait pas de ses leçons ; il ignorait que les fonctions des organes de la voix ne dépendent pas immédiatement de l'intelligence ou du *moi*. Le *moi* ordonne les mouvements nécessaires à la production de la voix, mais ne les exécute pas.

Il y a longtemps que l'on doute que le *moi* produise directement les mouvements volontaires. Aristote, par exemple, dit : « Ce n'est pas la partie raisonnable ni ce qu'on appelle l'intelligence qui meut les animaux... L'intelligence a beau donner ses ordres, la pensée a beau dire qu'il faut fuir ou rechercher telle chose, l'être cependant ne se meut point : mais il n'agit que suivant sa passion, comme l'intempérant qui ne sait point se dominer. Et en général, c'est ainsi qu'on voit celui qui sait l'art de guérir ne pas guérir toujours, comme si c'était quelque autre chose qui fût maître d'agir suivant les préceptes de la science, et que ce ne fût pas la science elle-même qui sût agir ainsi. » (p. 328 à 330 du *Traité de l'Ame*, par Aristote, trad. de J.-B. Saint-Hilaire, in-8, 1846).

C'est cette idée, adoptée par Descartes, qui l'a amené à soutenir cette opinion si absurde, que les animaux ne sont que des machines : « Ce n'est pas l'esprit ou l'âme qui meut en nous immédiatement les membres extérieurs, mais seulement il peut déterminer le cours de cette liqueur fort subtile qu'on nomme les esprits animaux, laquelle coulant continuellement du cœur par le cerveau dans les muscles, est la cause de tous les mouvements de nos membres, et souvent en peut causer plusieurs différents aussi facilement les uns que les autres; et même il ne le détermine pas toujours, car entre les mouvements qui se font en nous il y en a plusieurs qui ne dépendent point du tout de l'esprit, comme sont le battement du cœur, la digestion des viandes, la nutrition, la respiration de ceux qui dorment; et même en ceux qui sont éveillés, le marcher, chanter et autres actions semblables, quand elles se font sans que l'esprit y pense (*OEuvres de Descartes*, t. II, p. 52, édit. de Cousin). »

Le P. Lamy, dans son *Traité de la Connaissance de Soi-Même*, t. II, p. 216 à 220, 2ᵉ édit. 1801, apporte de nouvelles preuves à l'appui de cette opinion : « Dès que l'âme veut que le bras soit mu, le bras est mu : mais une marque certaine que l'âme ne fait point ce mouvement comme cause véritable, c'est qu'elle ne sait pas même ce qui est nécessaire pour son exécution. Il faut pour cela faire agir les muscles antagonistes auxquels le bras est attaché. Pour l'action de ces muscles, il faut détacher du cerveau une certaine quantité d'esprits : entre un grand nombre de tuyaux qui aboutissent au cerveau, comme au réservoir commun, il faut choisir ceux qui conduisent aux muscles des bras qu'on veut remuer ; faire ensuite couler les esprits par ces tuyaux, et leur donner diverses secousses suivant les diverses agitations que l'on veut produire dans le bras.

« Or de tous ceux qui remuent les bras avec le plus de facilité, qui sont ceux dont l'âme sait et connaît toutes ces choses ? De mille, à peine en trouvera-t-on un ? Et n'est-il pas ridicule d'attribuer à un être qui n'agit que par intelligence, un effet dont l'exécution dépend de plusieurs moyens desquels il n'a pas la moindre connaissance.

« Que cette découverte me donne de joie. Je m'étais imaginé être cause véritable de la plupart des mouvements de mon corps, et maître absolu du jeu de ses organes ; je m'étais figuré, par exemple, que rien ne dépendait plus de mon savoir faire, que le jeu des parties qui servent à la parole, et je vois présentement que je ne sais pas même exactement le détail et le nombre de ces parties ; et bien moins les dispositions qu'elles doivent avoir, et les mouvements qu'on leur doit donner pour former le son de la voix, le rendre plus ou moins fort, plus ou moins aigu ou grave, plus ou moins doux ou aigre; et enfin que je sais aussi peu ce qu'il faut faire pour le rendre articulé et expressif, et pour prononcer sans hésiter tout ce qui me plaît. La variété des paroles, des tons et des mesures rend ce détail comme infini; et cependant il a été un temps que ne sachant absolument rien de tout ce détail, je parlais avec encore plus de facilité que je ne fais présentement que j'en sais quelque chose. Tant il est vrai que Dieu seul, qui sait parfaitement le détail de ces parties, en règle tous les mouvements dans l'instant de nos désirs. ».

Sans doute la conclusion de Lamy est inadmissible : car ce serait ravaler la divinité que de la croire occupée à exécuter elle-même tous les mouvements nécessaires à l'émission des urines, à la défécation, à la copulation, etc., chez tous les êtres animés. Mais sans tenir compte de cette conclusion, dont le bon Père était bien loin de sentir toute l'absurdité, il n'en reste pas moins démontré que ce n'est pas le *moi* qui exécute les mouvements volontaires qu'on observe chez les animaux. Cette vérité est maintenant adoptée par les savants; ainsi M. Flourens dit, dans ses *Recherches expérimentales sur les Propriétés et les Fonctions du Système Nerveux*, etc., p. 237, in-8°, 1842 : «Nul mouvement ne dérive directement de la volonté. La volonté n'est que la cause provocatrice de certains mouvements, elle n'est jamais la cause effective d'aucun. Qu'un animal veuille mouvoir ou son bras ou sa jambe, ou toute autre partie : aussitôt il la meut; mais ce n'est pas sa volonté qui anime les muscles de la partie mue, qui les excite, qui les coordonne. La cause directe des contractions musculaires réside particulièrement dans la moëlle épinière et les nerfs; la cause coordinatrice du jeu des diverses parties réside exclusivement dans le cervelet. »

Le même physiologiste dit encore que la moëlle allongée coordonne les mouvements nécessaires à l'inspiration, au cri, au bâillement et à certaines déjections.

M. Bouillaud, *Archives générales de Médecine*, tome XV, p. 64, a confirmé, par de nombreuses expériences, les résultats obtenus par M. Flourens, après l'enlèvement du cervelet. « En effet, quand l'ablation du cervelet est entière, toute position fixe et stable devient impossible; l'animal fait d'incroyables efforts pour s'arrêter à une pareille position, et il n'y peut réussir. Mis sur le dos, il ne peut se relever; il voit néanmoins le corps qui le menace, entend les cris, cherche à éviter le danger, et fait mille efforts pour cela, sans y parvenir : en un mot il a conservé la faculté de sentir, celle de vouloir et de se mouvoir, mais il ne peut plus coordonner ses contractions de manière à produire le saut, la marche, le vol, la station, etc. » Néanmoins, M. Bouillaud n'admet point que le cervelet coordonne tous les mouvements dits volontaires. « Jusqu'ici, dit-il, les expériences ne nous autorisent qu'à regarder cet organe comme le centre nerveux qui donne aux animaux vertébrés la faculté de se maintenir en équilibre et d'exercer les divers actes de la locomotion. Je crois, d'ailleurs, avoir prouvé, dans un autre travail (*Traité de l'Encéphalite*, p. 158 et suiv. ; Paris, 1825), que le cerveau coordonnait certain mouvements, ceux de la parole en particulier. » M. Bouillaud cite également les mouvements des yeux, ceux de la glotte, des organes de la mastication, comme n'étant point réglés par le cervelet (1).

Peu importe cette différence d'opinion entre ces deux expérimentateurs, puisqu'ils s'accordent à reconnaître, comme le P. Lamy, que les mouvements volontaires ne dépendent pas directement de l'intelligence appelée le *moi*.

Ce dernier avait parfaitement compris qu'à défaut du *moi*, il fallait que ce fût une autre intelligence qui régît et coordonnât « les merveilleux mouvements, par exemple, par lesquels l'homme, au moyen de la voix articulée, communique ses pensées, exprime ses sentiments, et peint, pour ainsi dire, ses émotions. »

Mais pensant, comme on le croit généralement, qu'il n'y avait qu'une intelligence dans le corps de l'homme, il faisait intervenir la Divinité pour produire ces mouvements. Cette dernière supposition n'étant pas admissible, nous sommes donc forcés d'admettre dans l'homme et les animaux plusieurs intelligences autres que le *moi* (2), présidant aux mouvements volontaires.

---

(1) Les physiologistes ont oublié de faire quelques vivisections qui seraient décisives pour confirmer ou infirmer cette dernière opinion de M. Bouillaud. Mais je m'abstiens de les indiquer pour ne pas être cause indirecte d'expériences qui révoltent mon cœur et ma raison. Il faut espérer que puisqu'on a aboli la torture parmi nous, un jour viendra où il ne sera plus permis à certains hommes, sous prétexte d'humanité, de continuer à la faire subir aux animaux.

(1) Les physiologistes s'accordent maintenant à regarder la partie

Dans l'état normal, les intelligences, dont je viens de démontrer l'existence, obéissent au *moi*, excepté quand les instincts font entendre leurs voix puissantes. Mais dans certaines maladies elles agissent sans attendre ses ordres ou malgré ses ordres même.

On rapporte, dans les *Ephémérides des Curieux de la Nature* (déc., obs. 71), l'observation d'une jeune fille que la peur d'un orage jeta dans de violentes convulsions, et qui, bien que maîtresse de ses sens, était forcée, pendant ses accès, de courir le long des murs de sa chambre.

---

centrale des lobes cérébraux comme le siége du *moi*; les expériences suivantes prouvent qu'ils sont dans l'erreur. En effet, d'après M. Flourens [Ouvrage cité, p. 152], si l'on enlève le lobe droit à un animal, toutes les perceptions et toutes les facultés intellectuelles sont conservées, hors la vue de l'œil gauche. Il semble que dans cette circonstance le *moi* doive être placé dans le lobe gauche ; mais si on enlève le lobe gauche à un autre animal, ce dernier se trouve dans la même situation que le premier animal, sauf que c'est l'œil droit qui est perdu. Ainsi le *moi* se réfugierait dans le lobe droit ou dans le lobe gauche, à la volonté de l'expérimentateur. La conséquence qui découle de ces expériences, c'est que le *moi* ne réside pas plus dans le lobe droit que dans le lobe gauche. Il est placé probablement à l'endroit de la moëlle allongée appelé nœud vital, qui ne peut être détruit sans que la mort n'arrive aussitôt. Il est vrai que M. Flourens assure que lorsqu'il enlève les deux lobes cérébraux sur le même animal, « non seulement toute perception et toute intelligence en général sont perdues, mais encore ces formes particulières d'intelligence qui déterminent les allures propres des diverses espèces. » En supposant que ce fait, sur lequel d'ailleurs les physiologistes ne sont pas d'accord, soit exact, tout ce qu'on peut en conclure c'est qu'un lobe cérébral, ou au moins sa partie centrale, est indispensable au *moi* pour qu'il puisse manifester son existence.

Nicolas Becker rappelle, dans le même endroit des *Ephémérides*, l'histoire d'une maladie convulsive, observée par Thomas Eraste, et dont les accès étaient marqués par une course involontaire, à laquelle était irrésistiblement forcé l'homme qui en était atteint.

M. Itard rapporte, dans les *Archives générales de Médecine*, juillet 1825, l'observation suivante : « Un malade avait plusieurs symptômes de congestion vers la tête ; un jour, il était en voyage, et venait de quitter sa chaise de poste pour faire quelques minutes d'exercice à pied, quand tout à coup il sentit que le mouvement de ses jambes s'accélérait malgré sa volonté, et que ce mouvement rapide, qui l'entraînait droit devant lui, l'écartait de la direction du chemin qui faisait un détour en cet endroit, et se trouvait d'un côté bordé de précipices. La terreur que lui causait un mouvement si extraordinaire, et le danger visible qu'y ajoutaient les localités, le frappaient vivement ; il voyait bien qu'il courait à sa perte ; mais, poussé par une force supérieure à sa volonté, il ne pouvait ni s'arrêter, ni se détourner, ni se jeter par terre, ainsi qu'il en eut successivement l'idée. Heureusement qu'après avoir franchi diagonalement la partie tournante du chemin à quelques pouces du précipice, il se trouvait, en suivant toujours la même direction, courir parallèlement à la route, ce qu'il aurait pu faire sans danger pendant plusieurs minutes. Mais presque aussitôt l'accès, après en avoir duré à peu près deux en tout, se termina sans autre circonstance notable qu'un grand sentiment de faiblesse, une sueur générale et une excrétion abondante d'urine. »

L'on détermine à volonté une course semblable en opérant la section de la partie blanche des corps striés. « L'animal soumis à cet opération s'élance en avant avec rapidité, comme poussé par une force intérieure à laquelle il ne peut résister ; passe par dessus les obstacles qu'il rencontre, mais qu'il ne voit pas, et conserve, arrêté, l'attitude de la fuite. » (*Précis élémentaire de Physiologie*, par Magendie, 2ᵉ édit., 1825.)

« M. Laurent, médecin à Versailles, présente à l'Académie royale de Médecine de Paris, section de Médecine, séance du 11 mai 1824, une jeune fille épileptique dont les accès sont accompagnés d'un symptôme singulier qui consiste dans *une progression involontaire à reculons*. Aussitôt que l'accès se manifeste, la petite malade marche irrésistiblement en arrière, pendant quelques instants, en étendant ses bras en avant, et ne s'arrête que lorsque la rencontre d'un obstacle la fait tomber à terre. »

Si l'on coupe les pédoncules postérieurs du cervelet sur un animal, dit M. Flourens (ouvrage cité, p. 488), il recule aussi, et fait, ou tend à faire, une suite de culbutes en arrière ; et c'est encore ce que fait, ajoute-t-il, la section du canal vertical inférieur ou postérieur.

De son côté, M. Magendie a vu des pigeons, dans la moëlle allongée desquels il avait plongé une aiguille, marcher toujours à reculons.

« M. Bally donne verbalement à l'Académie royale de Médecine de Paris, séance du 12 septembre 1826, l'histoire d'une jeune fille qui a éprouvé, il y a quatre mois, une suppression subite à la suite d'une frayeur éprouvée pendant le flux menstruel ; depuis lors, elle est tourmentée de convulsions étranges, elle se frappe la tête et le front contre terre ou d'autres corps longtemps et avec force ; elle se bat la poitrine, les épaules avec les mains, se soufflète. Elle s'est donnée même jusqu'à plusieurs centaines de soufflets. Souvent aussi elle fait la bascule et même des culbutes toujours dans le même sens, et avec tant de persévérance qu'on a pu en compter jusqu'à dix-huit cents : ces scènes se répètent plus ou moins chaque jour sans que la malade perde connaissance. »

Que l'on coupe le pont de varole sur un animal, celui-ci se roule sur lui-même, selon l'axe de sa longueur, pendant des jours entiers, ne s'arrêtant que lorsqu'il rencontre un obstacle.

« M. Magendie cite l'observation suivante de M. Serres. Un individu, à la suite d'un excès de boisson, fut saisi d'un tournoiement sur lui-même qui dura pendant toute sa maladie et jusqu'à sa mort. On ne trouva, à l'ouverture de son corps, d'autre altération qu'une lésion assez étendue de l'un des pédoncules du cerveau. » (*Histoire des Progrès des Sciences naturelles*, par le baron Cuvier, t. IV, p. 153).

« Cette même rotation a lieu chez les animaux à qui on fait la section des prolongements que le cervelet envoie au pont de varole. Selon M. Magendie, ils sont obligés de tourner sur eux-mêmes d'un seul côté. Le mouvement est parfois si rapide, que l'animal fait, dit-on, plus de soixante révolutions par minute. M. Magendie assure l'avoir vu persister pendant huit jours sans la moindre interruption. » (*Manuel de Physiologie*, par J. Mueller, t. Ier, p. 788, in-8, 1851, traduction de Jourdan.)

« M. Cl. Bernard a pu à volonté, en blessant le même pédoncule cérébelleux, faire tourner l'animal, sujet de l'expérience, tantôt du même côté, tantôt du côté opposé à la lésion. Tout dépend du point où le pédoncule se trouve blessé. » (*Idem*, p. 789.)

Une chose digne de remarque, c'est que les deux intelligences placées, l'une dans le cervelet, et l'autre dans la moëlle allongée, sont bien plus savantes qu'elles ne le paraissent. Ainsi, l'on voit des personnes qui, dans l'état de veille, n'ont pas de voix, prononcent mal, sont maladroites, etc., acquérir, pendant leur somnambulisme naturel, une belle voix, parler facilement, faire tout ce qu'elles veulent de leurs mains. On observe des faits semblables dans le somnambulisme provoqué. Le magnétiseur peut aussi, par sa volonté, les produire lui-même ; car il a sur ces intelligences plus de pouvoir que le *moi* de la personne magnétisée. Le résultat auquel il arrive en très-peu de temps, le *moi* de cette personne ne peut pas l'obtenir ou ne l'obtient qu'après de longues études.

Je puis citer quelques faits à l'appui de mon assertion. Ainsi M. de Brughat, dans une brochure publiée en 1824, et ayant pour titre : *Phénomènes du Mesmérisme*, dit que, « étant parvenu très-facilement à faire conserver chez une demoiselle le souvenir de ce qu'il lui arrivait en somnambulisme, il eut l'idée de faire de cette faculté une application utile. En conséquence, il lui fit apprendre une langue étrangère en *dix séances magnétiques*, en suivant la méthode de M. Jacotot, ce qui fait, dit-il, dix à douze heures pour apprendre une langue. La répétition étant inutile pour les somnambules. »

M. Mialle dit, p. 417, t. 1er de son *Exposé des Cures obtenues par le Magnétisme animal*, que ce fait mérite de fixer l'attention des magnétiseurs et de tous ceux qui s'occupent de philosophie.

« Cette expérience admirable, ajoute-t-il, n'est pas la seule de ce genre qui soit parvenue à notre connaissance, mais elle est du moins, nous le croyons, la première qui ait été rendue publique. Voici celles qui nous ont été communiquées :

« M. de S..., médecin, membre de la Société du Magnétisme, nous raconte qu'il avait profité du développement fort remarquable de l'intelligence chez une petite fille somnambule pour lui apprendre à lire, ce qu'il n'avait pu faire dans l'état de veille. »

« Un de nos amis, M. de Latour, de la Société du Magnétisme, ayant un somnambule très-mobile, eut l'idée de le faire jouer au billard. Celui-ci lui dit qu'il ne savait pas jouer. M. de Latour lui propose de le lui apprendre. Cet homme répète exactement tout ce qu'on lui montre, et à la fin de la séance, il joue presque aussi bien que son maître. M. de Latour lui imprime dans la mémoire tout ce qui venait de se passer, et veut qu'éveillé il conserve toute son adresse. L'expérience réussit, et depuis ce temps, M. C... joue fort bien au billard. »

« Enfin, nous savons également qu'on a fait chanter parfaitement juste et en mesure des individus somnambules, qui, pendant la veille, n'avaient aucune espèce de sentiment musical. »

Tous ces faits prouvent que le magnétisme doit, tôt ou tard, jouer un grand rôle dans l'éducation. On conçoit combien il serait avantageux d'employer un moyen aussi puissant, qui développe si promptement des connaissances et des talents qu'on acquiert si difficilement par les moyens ordinaires.

Note 20, p. 68. Il ne faut pas laisser un somnambule s'habituer à avoir des visions, quelque insignifiantes qu'elles paraissent. Au moment où l'on s'y attend le moins, il en vient qui l'effraient, ainsi que le magnétiseur ; car l'émotion qu'éprouve le premier, qui a une grande disposition à l'exaltation, peut se communiquer subitement au second, quelque courage que ce dernier ait d'ailleurs. C'est ce qu'on voit dans les armées saisies de terreur panique où les soldats les plus aguerris fuient comme de nouvelles recrues. Il est difficile de comprendre ce qui se passe dans cette circonstance, à moins d'avoir eu une frayeur semblable. C'est ce qui m'est arrivé il a trente-cinq ans, et je m'en ressouviens encore comme si c'était d'hier. Ce fait est d'autant plus remarquable que, pour deux des acteurs de cette scène, il n'y avait aucune cause qui pût motiver la peur qu'ils éprouvèrent.

C'était un soir, nous étions trois étudiants en médecine, parlant de la destinée, de la fatalité ; l'un de nous, F***, eut bientôt mal à la tête, et plaça une de ses mains sur son front ; mais, tout occupé de la conversation, il oublia bientôt de la maintenir dans cette position, et elle tomba, comme un corps inerte, sur son genou ; le bruit que fit cette grande main, entièrement soumise aux lois de la pesanteur, me fit l'effet du cliquetis des os d'un squelette. Je leur fis remarquer ce bruit, en

faisant recommencer le mouvement de la main. Ils en furent frappés eux-mêmes. Nous sortîmes de la chambre, et à peine au bas de l'escalier, l'autre étudiant L***, qui avait déjà eu quelques visions peu de temps auparavant, regarde F*** fixement, laisse tomber la bougie allumée qu'il tenait à la main, et part comme une flèche. F*** le suit aussitôt, et moi, sans savoir pourquoi, je fais de même. Arrivé au bout de la rue, le chef de file, tournant à droite, se précipite dans un café où il voit de la lumière. Heureusement que le garçon de café était occupé à allumer les quinquets, car s'il fût venu aussitôt demander ce qu'il fallait nous servir, pas un de nous trois n'aurait pu ouvrir la bouche pour le lui dire. Au bout d'un quart d'heure, nos chairs frémissaient encore comme celles d'un homme sur le corps duquel vient de passer une voiture lourdement chargée. Après avoir pris chacun du café et de l'eau-de-vie pour dissiper notre faiblesse, F*** demanda à L*** pourquoi il s'était sauvé ainsi. L*** lui répondit : Je te voyais grandir à vue d'œil, ta tête devenait monstrueuse. Mais toi, pourquoi t'es-tu sauvé ? est-ce que tu as eu peur de moi ?»
—F*** «Non, tu m'as paru avoir un air bête en me regardant la bouche ouverte. Et vous, me dit-il, qu'est-ce qui vous a fait peur ?» — «Je ne sais pas : je n'ai rien vu ni entendu qui ait pu m'effrayer, car je ne savais pas pourquoi vous disparaissiez si vite tous les deux. »

Ainsi j'ai été effrayé sans savoir pourquoi ; j'ai ressenti l'émotion qu'éprouvaient mes deux amis, de même qu'une corde, à l'unisson d'une autre corde que l'on fait vibrer, résonne à son tour sans qu'on la touche.

Note 21, page 71. Georges Bousquet, que la mort a enlevé, dans ces derniers temps, à la fleur de l'âge, a éprouvé pareille chose en entendant chanter Mademoiselle Alboni. « Non seulement le chant de mademoiselle Alboni, dans *Il Barbiere di Siviglia*, caresse et séduit le sens auditif au-delà de tout ce qu'on peut imaginer, par son timbre suave, enchanteur ; mais encore on dirait que chacun des sons qui sortent de sa poitrine dilatent la poitrine de ceux qui l'écoutent...

« Il est certain que lorsqu'on entend chanter mademoiselle Alboni, comme elle l'a fait l'autre soir, avec cette justesse imperturbable, cette facilité merveilleuse, et pour ainsi dire cette impassible placidité, ce n'est pas seulement du plaisir qu'on éprouve, c'est une sorte de bien aise qui fait qu'on respire plus librement et que la vie, on ne sait pourquoi, vous paraît meilleure. » (*Chronique musicale*, par Georges Bousquet, journal l'*Illustration* du 14 janvier 1854.)

FIN.

PARIS. — Imprimerie de Moquet, rue de la Harpe, 92.

Lettre adressée à un professeur de l'Ecole de Médecine de Paris, sur les fonctions de relation du fœtus ; in-8, 7 juin 1819 ; chez J.-B. Baillière.

Physiologie de la Glande Lacrymale, brochure in-8, 1821 : chez J.-B. Baillière.

Quelques idées sur la Mélancolie, le Jugement, la Manie ; Sur un premier chapitre de physique, un nouvel usage de la Queue, du pavillon des Oreilles, etc., et sur une nouvelle application de la transfusion du sang. Thèse présentée et soutenue à la Faculté de Médecine de Paris, le 23 août 1822.

Quelques Idées sur la Mélancolie. Thèse présentée et soutenue à la Faculté de Médecine de Paris, le 17 juillet 1823.

Le Flambeau, journal des Sciences et des Arts ; in-8, janvier 1825 à septembre 1827.

Réponses insérées dans les numéros de déc. 1825 et mars 1826 du *Journal général de Médecine française et étrangère,* aux critiques de M. Gaultier de Claubry, contre le rédacteur en chef du *Flambeau.*

Lettre adressée au rédacteur de la *Revue magnétique* (décembre 1845), sur la scène qui a eu lieu à la séance du 10 novembre, du Congrès médical à Paris, relativement au magnétisme animal.

De l'Existence des Atomes, article inséré dans les Annales de l'Académie, de l'enseignement, p. 167, 1851.

Examen critique de l'une des preuves de l'immatérialité de l'âme, mêmes Annales, p. 182.

Dissertation philosophique sur l'Indivisibilité à l'infini de l'espace, de la matière et du temps, sur la forme des atomes et la véritable loi du mouvement continu ; broch. in-8, 1852, chez E. Garnot, libraire.

Pour paraître prochainement.

Mémoire sur Mahomet, le prophète des Arabes, considéré comme aliéné, suivi de la critique du Rapport fait au nom d'une commission, et lu par M. Renauldin, à l'Académie royale de Médecine, dans ses séances des 3 et 17 mai 1842.

Typ. Moquet r Harpe.